Versuche und Erfahrungen mit Rothbuchen-Nutzholz.

Im Auftrage
des
Herrn Ministers für Landwirthschaft, Domänen und Forsten

bearbeitet durch

P. von Alten,
Regierungs= und Forstrath.

Berlin.
Verlag von Julius Springer.
1895.

ISBN 978-3-642-98889-9   ISBN 978-3-642-99704-4 (eBook)
DOI 10.1007/978-3-642-99704-4

Buchdruckerei von Gustav Schabe (Otto Francke) in Berlin N.

Inhalt.

		Seite
I.	Einleitung	5
II.	Einiges zur Statistik des Buchenwaldes	8
III.	Die Haupt-Eigenschaften des Rothbuchenholzes	12
IV.	Versuche zur Verbesserung des Rothbuchenholzes	14
	1. Das Abwelken auf dem Stamm	15
	2. Das Abwelken am liegenden Stamme	16
	3. Das Auslaugen	18
	4. Das Imprägniren	19
	5. Das Auskochen	22
V.	Einzelversuche mit Buchennutzholz	23
	1. Georg Ludwig Hartigs Versuche	23
	2. Imprägnirungs-Versuch von Biermanns	25
	3. Weitere Imprägnirungs-Versuche	25
	4. Verfahren des Dr. Kaufmann	28
	5. Versuche über die Dauer des Rothbuchenholzes in den Staatsforsten Preußens	29
	6. Tharander Versuche	32
	7. Neuere Versuche über Verwendung von Rothbuchenholz bei Haus- und Wegebauten	34
VI.	Rückblick	46
VII.	Eingesehene Litteratur	48

„Diß war die beste Zeit der Welt, da man in frey vergnügtem Stande
Zufriedenheit — und Überfluß in stillen niedern Hütten fande;
Was man da sah, war sauber, rein, doch frey von eiteln Prunk und Stolze;
Tisch, Teller, Bette, Schüssel, Stuhl — das alles war — von Büchenholze."

Stahl's Forstmagazin 1764, Bd. II, S. 36.

I. Einleitung.

Je nothwendiger es ist, einen von der Natur dem Menschen gelieferten Rohstoff allseitig zu der möglichst vortheilhaften Verwendung zu bringen, desto öfter kehren in Wort und Schrift Vorschläge und Anordnungen wieder, welche die Mittel und Wege angeben, verschieden je nach der Zeit, für welche sie bestimmt sind, wie dieser Stoff am besten gewonnen, behandelt und auf den Markt gebracht werden soll, um dem Besitzer, Händler oder Käufer am meisten zu nützen. Je leichter es ist, diesen Zweck zu erreichen, je einfacher oder selbstverständlicher die Verwendbarkeit der Stoffe ist, desto weniger wird, wenn obiger Zweck einmal erreicht ist, es nöthig, auf andere als die gewohnten, eingebürgerten Verwendungszwecke aufmerksam zu machen. Je schwieriger es erscheint, für einen Rohstoff, falls seine Hauptverwendungsart einmal aufhört, andere Verwerthungen zu finden, desto häufiger werden andererseits auch hierfür Wünsche und Winke laut.

Bei der hastigen Art des heutigen Lebens, bei der Massenhaftigkeit der Erscheinungen des Tages, bei der Schnelligkeit des Verkehrs auf der ganzen Welt aber, werden sehr bald auch die besten Vorschläge und Anregungen oft von anderen überholt und untergehen. Die Versuche und Erfahrungen, Erfolge wie Mißerfolge, welche der Eine machte und erlebte, werden, das ist bei technischen Dingen besonders eine häufige Thatsache, vergessen, manchmal nach einiger Zeit von Anderen mit gleichen Mühen wiederholt und als neu wiederum an's Licht gebracht, um nach einiger Zeit vielleicht wieder der Vergessenheit anheimzufallen.

Alles dieses trifft für die Verwerthung des Holzes der Rothbuche (Fagus silvatica) in besonderer Weise zu.

I. Einleitung.

Die großen Veränderungen, welche bei der Förderung, Anwendung und Verfrachtung der fossilen Brennstoffe in sehr kurzer Zeit in Deutschland eingetreten sind, veränderten in erster Linie die Lage des Brennholzmarktes so gewaltig, daß der Waldbesitzer alles Sinnen daran setzen mußte, um seinen Holzeinschlag anderswo, wie auf diesem Markte, zur Verwerthung zu bringen, was um so nothwendiger wurde, als das Eisen zugleich mit der Kohle der Holzverwendung immer gesteigerte Konkurrenz machte.

Es ist im Allgemeinen für die meisten anderen Massenprodukte des deutschen Waldes, besonders für die Nadelhölzer gelungen, als sogenanntes Nutzholz verbesserte und zahlreich veränderte Absatzquellen zu erschließen. Weniger ist dieses aber für die Produkte der großen, in ihrer schlanken Schönheit den „Waldesdom" bildenden Buchenwälder gelungen. Die Schwierigkeit der gewinnbringenden Verwerthung dieser ist so groß geworden, daß dieser „schönste Wald" der Nichtbetheiligten zum „Schmerzenskinde" der Besitzer wie der Verwaltungen zu werden droht, ja zum Theil bereits geworden ist.

Es sind nun zwar schon vor der Zeit, wo dieser Erkenntniß kein Buchenwaldbesitzer sich mehr verschließen konnte, Versuche gemacht, das so schöne, harte, gut bearbeitbare Buchenholz höher zu verwerthen als zu Heiz- oder Schmelzzwecken, aber diese Anregungen litten theils an ungenügender Beweiskraft, es fehlte ihre wissenschaftliche Begründung, theils trifft das Vorgesagte zu, man vergaß das bereits zur Hebung des Nutzholzabsatzes für die Buchenwälder Empfohlene, oder schenkte ihm nur zeit- und ortweise Beachtung.

So ist es denn nicht auffällig, daß wir in mancher Hinsicht zwar in der Ergründung der Eigenschaften des Buchenholzes viel weiter gekommen sind, daß aber die feinere Verwendung dieses so brauchbaren Rohstoffes nur sehr langsam zunimmt, jedenfalls seine Verwerthung auch heute noch nicht Schritt hält mit seiner Verwerthbarkeit, zumal die Konkurrenz mit, sagen wir Surrogaten des Buchenholzes immer heftiger geworden ist, je mehr die Technik und Verkehrsverhältnisse andere Stoffe fanden, welche das Buchen-

I. Einleitung.

nutzholz erſetzten. (Eiſenſchwellen, Metall- und Porzellangefäße, Maſchinentheile, Kleinwaaren aller Art.)

So mag es an der Zeit ſein, einmal wieder vom Buchenholze zu reden und zu verſuchen, nochmals anzuregen, dieſen Schatz des deutſchen Landes, den kein anderes Land beſſer und nachhaltiger liefern kann, denjenigen Verwendungszwecken immer mehr zuzuführen, für welche es außer als Brennholz mit Vortheil dienen kann. Es wird auf dieſen Weg die Gegenwart um ſo mehr hinweiſen, als von allen Seiten laute Rufe der mit anerkannt großen Schwierigkeiten kämpfenden Landwirthſchaft ertönen, auch ihrer „Sparbüchſe", ihrem Walde zu Hülfe zu kommen und ſeine Produkte vor ſolchen Preisſtürzen zu bewahren, wie ſie andere Erzeugniſſe landbauender Arbeit in der letzten Zeit erlitten haben.

Dabei wird es weniger darauf ankommen, dem Fachmanne, der alle Vorgänge der Buchenholzfrage bereits ſorgſam verfolgt, viel Neues zu bieten, als den Handel und die Konſumentenkreiſe zu ermuntern, das Buchenholz mehr zu benutzen, wo es irgend am Platze iſt, alſo das Ihrige beizutragen zur Erhaltung des deutſchen Buchenwaldes, wie der land- oder hier beſſer waldbauenden Bevölkerung. Es müßte in das patriotiſche Pflichtbewußtſein dieſer Kreiſe immer mehr übergehen, zu verſuchen, ſoviel irgend thunlich dieſen vielſeitig verwerthbaren deutſchen Rohſtoff an Stelle importirter Stoffe zu verwenden und den Ankaufsbetrag „im Lande zu laſſen".

Auch dem Buchenholzproducenten möchte es erwünſcht ſein, einige Winke zu erhalten über die geeigneten Wege zur Abſatzſteigerung, wie über Verſuche und Mittel zur richtigen Zurichtung ſeiner Waare für den Holzmarkt. In ſeiner Hand liegt es weſentlich mit, die Qualität des Buchenholzes zu fördern und theils durch richtige Behandlung im Walde vor dem Verkaufe dafür zu ſorgen, daß nur zuverläſſig gutes Holz auf den Markt gelangt, theils durch koulantes Entgegenkommen gegenüber den Abnehmern bei der Aushaltung, Lagerung, Abfuhr, Bearbeitung im Walde u. ſ. w. im eigenen, wie allgemeinen Vortheile den Abſatz zu heben.

Buchenproducenten wie Konsumenten und dem zwischen ihnen stehenden Handel und der Holzindustrie wird es daher vielleicht anregend sein, von Neuem aufmerksam gemacht zu werden auf das in der Rothbuchennutzholzfrage Versuchte, Erreichte und etwa weiter Erreichbare.

II. Einiges zur Statistik des Buchenwaldes.

Es wird von Interesse sein, Einiges über die Statistik des Buchenwaldes mitzutheilen, um daran das Vorkommen desselben, seine Erträge und sein Nutzholzergebniß zu erkennen, wobei im Allgemeinen eine Beschränkung auf Preußen angebracht erscheint.

Von der 8 192 505 ha großen Waldfläche, 23,5 % der Gesammtfläche der Monarchie, welche für 1893 nachgewiesen ist, kommen auf

Privatforsten . . . . 52,9 % = 4 331 512 ha
Staats- und Kronforsten . . . 30,9 % = 2 530 003 =
Gemeindeforsten . . . . 12,5 % = 1 025 525 =
Stiftungs- und Genossenschaftsforsten 3,7 % = 305 465 =

woraus zugleich hervorgeht, wie der nichtfiskalische Besitz an dem Ertragsvermögen des Waldes überwiegend betheiligt ist.

Wieviel von vorgenannten Hektaren Wald dem Buchenwalde angehört, ist nach der 1893er Aufnahme der Bodenbenutzung nur annähernd festgestellt auf 1 065 177 ha, worin aber neben den Rothbuchenbeständen die mit Weißbuche, Ahorn, Esche 2c. bestandenen Flächen mit enthalten sein werden. Von den Staatsforsten allein sind dem Buchenhochwalde überwiesen 379 844 ha oder 15,9 % der Hochwaldfläche desselben.

Während von der vorgenannten ganzen Waldfläche Preußens der Holzertrag auf etwa 27 Millionen Kubikmeter fester Holzmasse (Festmeter) jährlich geschätzt wird, oder auf etwa 3,29 fm pro ha Waldfläche, kann man den Nutzholzbetrag auf nur 6 605 357 fm jährlich im Durchschnitte annehmen.

II. Einiges zur Statistik des Buchenwaldes. 9

Wieviel nun aber davon auf das Buchennutzholz allein entfällt, ist nicht bekannt, nur für die Staatswaldungen ist festgestellt, daß (bei einer Nutzholzausbeute aller Holzarten von 45,18 % vom gesammten oberirdischen Holze von über 7 cm Stärke = Derbholz) an Buchenderbholz jährlich nachhaltig eingeschlagen werden können etwa 1256549 fm.

Nimmt man den Satz von 13 % als bisher etwa erreichte Buchennutzholzausbeute an, würden jährlich im Staatswalde allein etwa 163340 fm Buchennutzholz auf den Markt kommen können, worin aber das rechnungsmäßig nicht getrennte andere harte Laubholz mit enthalten ist. Immerhin haben die Erhebungen der Versuchsstation zu Eberswalde (1880) für 309 und von Schumacher (1888) für 264 Staatsreviere ergeben, daß in ersteren 85651 fm, in letzteren 109748 fm Buchenderbnutzholz wirklich eingeschlagen worden sind. Wir werden also kaum fehlgehen mit der Annahme, daß davon in Preußens Staatswäldern der Betrag von 150000 fm jährlich erfolgen kann, ohne daß obiger geringer Procentsatz sich erhöht. Daß dieses sehr wünschenswerth ist, liegt auf der Hand, daß es möglich ist, glauben wir und hoffen, daß es immer wiederholten Anregungen gelingen wird, das Räthsel des Buchenholzes noch einmal mit Hülfe aller Mittel moderner Wissenschaft und Technik gründlich zu lösen.

Wie steigerungsfähig das Nutzholzprocent der Buchen noch ist, ergiebt das Beispiel der fürstlichen Forstverwaltung im Sachsenwalde, wo dasselbe bei 11500 fm Buchenderbholz-Einschlag pro Jahr von 12 % im Jahre 1878 auf 56 % im Jahre 1887 gestiegen war.

Was das Vorkommen der Rothbuchenbestände anlangt, so finden wir, daß die vorgenannte Aufnahme der Bodenbenutzung an „Buchen und sonstigem Laubholz" nachweist — unter Fortlassung der Provinz Ostpreußen, für welche die Rothbuche kaum mehr in Frage kommt, da hier ihrer östlichen Verbreitung als bestandsbildend in der Oberförsterei Sadlowo bei Bischofsburg, nach Norden bei Pillau ein Ziel gesetzt erscheint — für die Provinz

II. Einiges zur Statistik des Buchenwaldes.

Westpreußen	31 839 ha
Brandenburg	35 272 =
Pommern	66 107 =
Posen	4 522 =
Schlesien	9 123 =
Sachsen	58 483 =
Schleswig-Holstein	49 608 =
Hannover	125 176 =
Westfalen	150 554 =
Hessen-Nassau	295 425 =
Rheinland	204 405 =
Hohenzollern	14 423 =

Von Interesse dürfte für die Rothbuchenholz-Konsumenten auch sein, daß in den Staatswäldern Preußens der Buchenhochwald von den gesammten Hochwaldflächen einnimmt im Regierungs-Bezirke:

Wiesbaden	76 %
Trier	66 =
Minden	58 =
Arnsberg	58 =
Coblenz	51 =
Cassel	48 =
Hildesheim	41 =
Schleswig	38 =
Erfurt	32 =
Hannover	31 =
Aachen	26 =
Cöln	24 =
Münster	23 =
Stralsund	22 =
Cöslin	15 =
Stettin	13 =
Danzig	11 =
Düsseldorf	9 =

II. Einiges zur Statistik des Buchenwaldes.

Merseburg
Magdeburg } je . . . 8 %
Stade

Lüneburg } je . . . 6 =
Osnabrück

Potsdam . . . . . 5 =

und in den übrigen Bezirken 3 % und weniger.

Bezüglich des Alters der obengenannten 379 844 ha Buchenbestände des Staates ist zu bemerken, daß im Jahre 1893

über 100 Jahre alt waren 70 282 ha = 19 %.
81—100 = = = 68 753 = = 18 =
61—80 = = = 75 610 = = 20 =
41—60 = = = 70 816 = = 19 =
21—40 = = = 50 241 = = 13 =
1—20 = = = 40 071 = = 10 =
während nur 4071 = = 1 =

Blößen waren.

An Rothbuchen-Nutzholz wurde etwa geliefert:

Von den Staatswäldern der Regierungsbezirke:

Cassel . . . . 25 020 fm
Trier . . . . 24 765 =
Hildesheim . . . . 17 879 =
Münster-Minden . . . . . 14 026 =
Hannover . . . . 8 147 =
Arnsberg . . . . 5 573 =
Schleswig . . . . 3 890 =
Aachen . . . . 3 362 =
Cöln . . . . 2 252 =
Coblenz . . . . 1 777 =
Wiesbaden . . . . . . 1 732 =
Düsseldorf . . . . . . 1 325 =

in Summe 109 748 fm,

wie bereits oben erwähnt ist.

III. Die Haupt-Eigenschaften des Rothbuchenholzes.

1 fm Derbholz der Rothbuche wiegt (nach Gayer)

       grün etwa . . . 980 Kilo,
       lufttrocken etwa . . 710 =

nach der Angabe von Baur wiegt 1 fm 90 jährigen Buchenholzes im Januar gefällt:

Grün	Scheitholz	Rindenstück . . .	970 Kilo
		Herzstück	878 =
	Knüppelholz		955 =
Lufttrocken	Scheitholz	Rindenstück . .	687 =
		Herzstück . . .	734 =
	Knüppelholz		696 =

Lufttrockenes Holz hat aber noch etwa 13 % Wassergehalt, während derselbe nach Gayer überall für frisches Holz auf etwa 45 % des Holzgewichtes angenommen werden kann.

Nach R. Hartig hat die Buche zwei Wassermaxima: Ende Dezember und Juli, und zwei Minima: im Mai und Oktober. Die im Wasser gelösten stickstoffreichen Eiweißverbindungen, deren Zersetzungsleichtigkeit für das Buchenholz so oft verderblich wird, sind neben dem Stärkemehl desselben von besonderer Wichtigkeit sowohl gegenüber den Angriffen von Pilzen wie Insekten, deren Eindringen sie mit herbeizuführen scheinen. Sie gehört in der Jugend zu den sogenannten „Splintholzbäumen" (bei denen ein Farbenunterschied des Kernholzes gegenüber dem Splinte nicht hervortritt), während sie als erwachsener Baum zu den „Reifholzbäumen" zählt (bei denen ohne Farbenunterschied der Kern saftärmer ist, wie der Splint). Sie zeigt sehr oft freilich eine gebräunte Kernholzpartie, welche, wahrscheinlich von Einflüssen bräunlicher Zersetzungsprodukte offener Astwunden herrührend, als „falscher Kern" bezeichnet wird, während sie von Anderen als „Kernholzbaum" in höherem Alter angesehen wird.

III. Die Haupt-Eigenschaften des Rothbuchenholzes.

Die als Festiger der Holzlagen vom Kern bis zur Rinde verlaufenden, für die Güte des Holzes wichtigen, verschiedenartigen Markstrahlen sind theils sehr dick und scharf hervortretend, theils sehr zahlreich und fein.

Das specifische Gewicht der festen Holzsubstanz allein ist auf 1,56 festgesetzt, während dasselbe für frisches Holz auf 0,98, für lufttrockenes Holz im Mittel auf 0,71 angegeben ist, wonach dasselbe als „schweres" Holz bezeichnet werden muß.

Da bekannt sein wird, daß trockenes Holz i. A. härter als frisches ist, bleibt erklärlich, daß grünes Buchenholz sich weit besser bearbeiten läßt wie trockenes. Man rechnet es im Allgemeinen zu den ziemlich harten und besonders grün leichtspaltigen Hölzern. Dagegen ist es als wenig elastisch zu bezeichnen, aber läßt sich durch feuchten Dampf besonders gut hinsichtlich seiner Zähigkeit beeinflussen (Möbelbiegerei). Die „Scheerfestigkeit", d. h. das Maß für die Kraft des seitlichen Zusammenhanges der Holzfasern oder der Widerstand gegen ihre Verschiebungen im Querschnitte, soll von allen deutschen Hölzern am größten sein (nach Karmarsch ist der Widerstand gegen die Abscheerung bei Buche = 776, Eiche = 722, Nadelholz = 491), was unter Anderen bei der Straßenpflasterung mit Rothbuchenklötzen hervortritt, wogegen die Tragkraft der Rothbuche nur gering ist.

Das Holz ist ferner für Feuchtigkeit sehr durchlässig (kein gutes Daubenholz), schwindet in Folge Wasserabgabe sehr stark (um 13,5 % des Volumens vom grünen zum lufttrockenen Zustande), und zwar in tangentialer Richtung doppelt so stark wie in derjenigen des Radius. Die Folge davon ist große Neigung zum Reißen und Werfen bei rascher Verdunstung des Wassers. Auch die leichte Wiederaufnahme desselben, das sogenannte „Quellen", ist bei Rothbuchenholz besonders hervorzuheben, wodurch das frühere Volumen wieder hergestellt werden kann (Imprägnirung).

Vom erheblichsten Interesse ist für alle Zwecke des Gebrauches die Dauer des Holzes, d. h. die Brauchbarhaltung zu dem Verwendungszwecke. Meistens erfolgt die Holzzerstörung durch Reißen, Pilzvegetation (Verstocken, Fäulniß) und Insekten. Gegen letztere beiden Angriffe hat das Buchenholz sich als sehr empfindlich gezeigt, obwohl es bei der Verwendung im Trocknen oder unter Wasser von erheblicher Dauer ist (Hobelbänke 2c., Schiffskiele).

Für Insekten scheint es besonders dann empfänglich zu sein, wenn es im Sommer gefällt ist und ohne weitere Maßregeln verwendet wird, sowie bei ungestörter Lagerung. Während z. B. viel gebrauchte Buchenmöbel, Werkzeuge 2c. keinen „Wurmfraß" zeigen, sind sie, „auf den Boden" gebracht, sehr bald von Insekten bewohnt.

Danach kann man von Rothbuchenholz, welches nach gebräuchlicher Art behandelt zur Verwendung gelangt, sagen, daß es ein schweres, ziemlich hartes, sehr scheerfestes, leichtspaltiges, wenig elastisches, wie tragkräftiges, besonders gedämpft sehr biegsames, stark schwindendes wie quellendes, daher leicht reißendes, sich werfendes und nur im Trocknen wie im Wasser dauerhaftes Holz ist. Diese Eigenschaften haben es zweifellos verhindert, daß aus den großen Massen des jährlich gefällten Holzes nicht mehr Nutzholz bisher ausgehalten ist und zugleich bewirkt, daß bereits vor langer Zeit sehr zahlreiche Versuche gemacht sind und immer wieder gemacht werden, diese Fehler zu beseitigen oder zu mildern, um die Nutzholzqualität wie den Verkaufswerth zu erhöhen.

IV. Versuche zur Verbesserung des Rothbuchenholzes.

Diese haben sich vornehmlich gerichtet auf die Erhöhung der Dauer des Holzes und Beseitigung des Reißens und Werfens (Quellens). Die forstliche, wie überhaupt die technische Litteratur enthält von Anfang an bis zur Gegenwart sehr zahlreiche bezügliche Mittel, welche zur Verfügung gestellt werden, entweder auf Grund eigener Versuche oder ohne Kritik ihres Werthes weiter empfohlen. Es wird gut sein, die hauptsächlichsten hervorzuheben, besonders soweit sie noch im Gebrauche sind.

1. Das Abwelken auf dem Stamm.

Man versteht darunter das völlige Abschälen eines Rindenringes im Frühjahr oder Sommer am stehenden Stamme. Der Baum grünt, obwohl seine Saftleitung gehemmt ist, weiter und wird je nach seinem Alter, Standort und der Breite wie Zeit der Ringelung noch ein oder mehrere Male grün werden (bis zu 6 Jahren sind neue Blätter beobachtet). Mit dem Aufhören der Leitungsfähigkeit der Holzgefäße für den Bildungssaft erlischt das Leben des Baumes, das Holz wird trockener, besonders der Splint gewinnt an Härte und Schwere.

Bereits du Hamel du Monceau berichtet in seinem Werke „Von der Fällung der Wälder", in's Deutsche übersetzt von C. C. Oelhafen von Schöllenbach, Wald-Amtmanne der Stadt Nürnberg (das. 1766, S. 300), daß er dieses, bereits den Römern bekannte Mittel untersucht habe. Er hat dies 1738 an Eichen in der Weise bewirkt, daß

1. etwa 1 Fuß breit dem Stamme die Rinde, der Splint und noch $1/2$ Zoll tief Kernholz genommen wurde,
2. etwa 2 Fuß breit nur die Rinde zur Saftzeit abgeschält,
3. dieselbe bis an die ersten Aeste ganz beseitigt wurde.

Der Erfolg war der, daß die wie 1 behandelten Stämme im selben Jahre bereits, die wie 2 im ersten und zweiten Jahre, die wie 3 im ersten oder zweiten Jahre (stärkere Stämme) abgestorben waren. Das Holz der ganz geschälten Versuchsbäume erwies sich als „sehr hart zu hauen" und sehr trocken, während das der nach 1 eingekerbten „fast nicht härter war als das gewöhnlicher Weise gefällte, und das nur am Fuß geschälte verhielt sich ungefähr ebenso".

Daß das hier Gesagte auch für die Buche gilt, erscheint zwar zweifellos, aber die große Empfindlichkeit derselben für Zersetzungsfaktoren (Saftstockung u. s. w.) ließ, wenn es auf ihre Dauererhöhung ankam, die Methode des Einkerbens allein vielleicht eines weiteren Versuches werth erscheinen, da sie am raschesten tödtet.

Spätere Versuche in den Preußischen Waldungen, von denen noch weiter die Rede sein wird, ergaben, daß im April 1864

16   IV. Versuche zur Verbesserung des Rothbuchenholzes.

30 cm breit stehend geringelte Rothbuchen erst im Mai 1869 abgestorben waren. Das Holz war aber (in Folge des langen Stehens ohne Zerlegung) von Innen heraus wie im Splinte dagegen häufig so zersetzt, daß eine Verwendung als Nutzholz ausgeschlossen war.

2. Das Abwelken am liegenden Stamme.

Hierunter ist das Fällen des Stammes zur Saftzeit kurz vor oder beim Laubausbruch, das Liegenlassen des ganzen Baumes ohne Aestung und das Aufarbeiten nach dem Verdorren der ausgetriebenen Blätter zu verstehen. Auch diese Methode zur Herbeiführung besserer Eigenschaften des Rothbuchenholzes ist nicht neu. In der „Anleitung zur Kenntniß und zweckmäßigen Zugutemachung der Nutzhölzer" erwähnt der Preußische Oberforstmeister Jester bereits 1815, daß in Schwaben ein Verfahren üblich sei, um die Nutzhölzer einem stärkeren Austrocknen zuzuführen, welches dem vorgenannten sehr ähnlich ist. Er sagt, daß man von dem gefällten Stamme dort nur die Rinde entferne, die Stämme aber mit Aesten so lange liegen lasse, bis das Laub völlig ausgetrocknet sei und fährt fort, „da das noch einige Zeit grün bleibende Laub die zu seiner Vegetation nöthigen Säfte aus der Mitte des Stammes zieht, so wird diese mit der, der Luft ausgesetzten Oberfläche des Stammes fast gleichzeitig, und ohne daß beträchtliche Risse erfolgen, ausgetrocknet". Er entnimmt diese Mittheilung aus „Völker's Forstarchiv", Theil II, S. 113.

Diese Methode des Ausgrünenlassens ist auch bei den vorerwähnten Versuchen der preußischen Staatsforstverwaltung mit in den Kreis der Betrachtungen eingezogen worden, deren Ergebniß war, daß sie im Vergleich mit anders behandelten Buchenstämmen nur einige unwesentliche Vorzüge ergeben hat.

Auch der Oberförster Lauprecht zu Worbis berichtet bereits in Pfeil's Kritischen Blättern (48, I, S. 62), daß in den Bauernhäusern zu Lenterode bei Heiligenstadt sich Buchenbauhölzer vorgefunden hätten, welche vor 150 bis 200 Jahren verbaut, völlig unverdorben seien.

2. Das Abwelken am liegenden Stamme.

Das Holz soll während des Laubausbruches gehauen und erst nach völligem Vertrocknen der Blätter zugerichtet worden sein, obwohl dies nicht sicher bewiesen ist.

In wie weit der Rauch der Herdfeuer, welcher mangels von Schornsteinen das Balkenwerk bestreichen konnte, zu dieser langen Erhaltung der Hölzer beigetragen hat, steht dahin. Bekannt ist, daß im Kreise Rinteln und in den Lippeschen Fürstenthümern in vielen ländlichen und kleinstädtischen alten Gebäuden sich Buchenholz verwendet findet, das sich bis heute gesund erhalten hat, wie man annimmt auch wegen der Imprägnation mit Rauchbestandtheilen. Daß der Rauch auch absichtlich zur Erhöhung der Dauer des Buchenholzes Verwendung finden kann, ist bereits von dem preußischen Forstrathe F. A. L. von Burgsdorf in seiner „Geschichte vorzüglicher Holzarten", I. Theil, „Die Büche", Berlin 1783, mitgetheilt. Er sagt „der Rauch ist ein bewährtes Mittel, dergleichen Holz recht dauerhaft zu machen und vor dem Wurm zu schützen. Indem die Zwischenräume im Gewebe damit erfüllt worden sind und der Holzkörper hierdurch gleichsam einbalsamirt ist, so widersteht zugleich die Bitterkeit solcher empyreumatischer Oehle und damit verbundener Salze sowohl der Fäulung als auch dem Aufenthalte der Würmer."

Auch Jester empfiehlt das Räuchern und Rösten des Nutzholzes für Stämme mittlerer Stärke und kleinere Nutzholzstücke als von vorzüglich guter Wirkung. Das Holz werde von den zur Verderbniß führenden Feuchtigkeiten befreit, vor dem Aufsaugen neuer und dem Aufreißen gesichert. Er empfiehlt, die grob bearbeiteten Hölzer auf Unterlagen von $1-1^{1}/_{2}$ Fuß Höhe dicht neben einander zu legen, unter ihnen ein Schmauchfeuer von Blättern, feuchtem Holze u. s. w. anzumachen und die Hölzer so lange zu wenden, bis sie überall eine dünne schwarze Rinde zeigten. Stangenhölzer will er gleich nach dem Fällen, ohne sie zu entrinden, unmittelbar in ein Schmauchfeuer legen und sie unter häufigem Wenden so lange rösten, bis die Rinde verkohlt ist. Selbst das zum Verstocken sehr geeignete Erlenholz werde dadurch dauerhafter und zäher.

IV. Versuche zur Verbesserung des Rothbuchenholzes.

Auch in Wien hat man an Parkpfählen, die von bei Laubausbruch gefällten, entrindeten und bis zum kommenden Frühjahr liegen gelassenen Buchen hergestellt wurden, die Erfahrung gemacht, daß sie sich 7—8 Jahre lang erhielten, während die in gewöhnlicher Art hergestellten Pfähle schon innerhalb eines Jahres verfaulten (Gayer's Forstbenutzung, 1888).

3. Das Auslaugen.

Dies bis auf den heutigen Tag immer wieder empfohlene Verfahren hat den Zweck, zunächst diejenigen Stoffe, welche zur Zersetzung geneigt, die Holzfaser selbst in Mitleidenschaft ziehen, zu verflüssigen und aus dem Holzkörper zu entfernen. Es besteht im Wesentlichen darin, das Holz mit oder ohne Rinde, rund oder bereits bearbeitet so am besten in fließendes Wasser zu legen, daß es völlig von ihm bedeckt ist. Dies wird erreicht durch leichtes Verbinden desselben nach Art der Flöße und Beschweren mit Steinen bis zum Untertauchen. In dieser Lage verbleibt das Holz je nach der Stärke 4—10 Wochen, worauf es herausgeholt, zerlegt oder weiter grob bearbeitet und an schattigem und kühlem Orte langsam getrocknet wird.

Schon der Engländer Ellis empfiehlt in seiner 1752 in's Deutsche übertragenen Schrift für das Buchenholz diese Methode (Fällung im Winter, Beschlagen des Holzes, Wässern, Trocknen auf Lagern und Anräuchern mit Schmauchfeuer) als besonders geeignet zur langen Erhaltung desselben.

In dem v. Burgsdorf'schen Werke von 1783 ist unter den „künstlichen Arten, auf welchen die Dauer des büchenen Nutzholzes befördert und dessen Festigkeit vermehrt wird", in erster Linie aufgeführt „die Ausziehung des sonst in Gährung kommenden, Stockung und Fäulniß verursachenden Saftes". v. Burgsdorf weist darauf hin, daß diejenigen Mittel zur Beförderung der Dauer die vortheilhaftesten seien, „durch welche dieser Saft gehörig aufgelöset und zum Weichen gebracht werde". Da die Natur diese Auflösung in jedem Frühling vorbereite, das Holz zu dieser Zeit den flüssigsten und meisten Saft in sämmtlichen Gefäßen enthielte, sei in dieser Zeit die völlige Auslaugung am leichtesten zu bewirken. Er empfiehlt also die Frühlingsfällung, die Behauung aus dem Gröbsten und die schleunige Einbringung des Holzes in fließendes, nicht sehr tiefes Wasser, Belassung daselbst während der Sommermonate und Herausbeförderung des Wassers aus dem damit vollgesogenen Holze in gemäßigter und gleicher Wärme.

Später haben auch Völker (Forsttechnologie, 1803, Jester, Pfeil: Forstbenutzung 1831) und nach ihm die meisten Autoren das Auslaugen des Sommerholzes als ein vorzüglich bewährtes Mittel zur Verbesserung der Eigenschaften des Buchenholzes dann empfohlen, wenn hinterher und nach völligem Austrocknen das Wiedereindringen von Feuchtigkeit durch Verwendung im Trocknen, oder durch einen Anstrich von Oel, Oelfarben, Terpentin u. s. w. verhindert wird. So sagt noch 1885 der um die Einführung von Buchennutzholz verdiente Direktor Rößler, daß die völlige Entfernung des Zellsaftes aus dem gefällten Holze durch Auslaugung in kaltem oder warmem Wasser das beste Mittel sei zur Verhütung der Fäulniß im Buchenholze. Die Frage ist noch näher zu prüfen und sind betreffende Versuche bei der Forstakademie in Münden eingeleitet worden.

4. Das Imprägniren.

Zur Erhöhung der Dauer wie zur Verbesserung technischer Eigenschaften des Holzes hat man schon frühzeitig versucht, eine mehr oder minder völlige Durchtränkung desselben mit fäulnißwidrigen Flüssigkeiten künstlich herbeizuführen. Vielleicht ist man dazu durch die Erfahrung angeregt worden, daß in der Natur fossile Hölzer vorkommen, welche in Berührung mit anorganischen Stoffen unter Erhaltung der Struktur so fest geworden waren, daß man sie mit Recht „versteinert" nennt. Hierauf hat bereits von Burgsdorf in seinem vorgenannten Werke von 1783 (S. 343) eingehend aufmerksam gemacht. Derselbe erwähnt auch, daß das Holz mit Salzwasser in Berührung gebracht werde, nimmt aber an, daß „vieles Salz im Holze ihm schädlich ist, weil es die feuchte Luft anzieht und solches Holz beständigen Veränderungen mit Aufquellen und Schwinden ausgesetzt ist". Dieses Verfahren des Salzens scheint andererseits von günstigem Erfolge gewesen zu sein, indem auf dem Eichsfelde verbautes Buchenholz in Gebäuden aus dem 17. Jahrhundert in den 60er Jahren des jetzigen aufgefunden wurde, welches sich völlig gesund erhalten hatte. Besonders das Pfarrhaus zu Lengenfeld, dessen Erbauung in das Jahr 1611 fällt, wurde damals eingehend von Bausachverständigen geprüft und nur Buchenbauholz von 17—24 cm Stärke sehr hart und ohne Wurmfraß darin vorgefunden. Auf Anregung des Fürsten Bismarck ist in alten Kirchenrechnungen über diesen Hausbau festgestellt worden, daß den Bauleuten dabei Getränk verabreicht ist, "als das Salz geholt und das Holz gesotten ward". Ob wirklich das vorgenannte Buchenholz in dieser Weise behandelt wurde, ist allerdings nur muthmaßlich feststehend. Weitere Nachforschungen in der Registratur der Erfurter Regierung ließen eine Denkschrift des Landbaumeisters Angermann aus Lingen in Hannover auffinden vom 1. Januar 1770, wonach das Holz in Salzwasser mit Pottasche und Salmiak 24 Stunden gepöckelt werden sollte, um es gegen Fäulniß und Würmer zu schützen.

Alle späteren Werke enthalten mehr oder weniger eingehende Besprechungen von Imprägnirungs-Methoden mit den verschiedensten Stoffen. So erwähnt Völker bereits das Tränken des Holzes mit Oel, Theer, Alaun, Kochsalz u. s. w. In derselben Zeit hatte der Engländer Kyan die Tränkung des Holzes mit Quecksilberchlorid empfohlen und bei der englischen Marine eingeführt. Dies Verfahren ist bis auf den heutigen Tag als ein einfaches, aber wegen der Giftigkeit der Flüssigkeit nicht unbedenkliches, auch für die Imprägnation von Buchenholz vielfach empfohlen.

Es ist hier nicht der Ort, um näher auf die sehr verschiedenen Methoden einzugehen, durch welche die Imprägnirungsflüssigkeiten in das Holz eingeführt werden und mag nur erwähnt sein, daß bezüglich des Erfolges immer noch die Ansichten hinsichtlich des Verfahrens verschieden sind. Manche Methoden leiden augenscheinlich noch daran, daß nur die äußeren Holzlagen die Flüssigkeiten

4. Das Imprägniren.

aufnehmen, während das Innere ungeschützt gegen Zersetzung des Kernes bleibt. Auch scheint nicht ausgeschlossen, daß die eingeführten Stoffe im Laufe der Zeit, besonders bei Verwendung im Freien, wieder ausgelaugt werden, oder daß bereits vor der Tränkung aufgenommene Zersetzungskeime durch dieselbe nicht völlig zum Absterben kommen. Gerade das unregelmäßige Verhalten von getränkten Buchenhölzern derselben Herkunft und Behandlung, worüber des öfteren geklagt wird, lassen darauf schließen.

Die Buche steht unter allen Holzarten bezüglich der Tränkungsfähigkeit obenan, insbesondere, wenn dazu das jüngere Holz verwendet wird. Es waren deshalb zeitweise, z. B. Buchen-Eisenbahnschwellen mit braunem Kernholz, von der Annahme durch die Verwaltung ausgeschlossen.

Erwähnt muß besonders werden die 1880 bekannt gegebene Methode von Blythe, welcher das künstlich getrocknete Holz in Dampfkessel einführt, wo es einem hohen Druck von Wasserdampf, der mit Kohlenwasserstoffen (Theerölen) stark vermischt ist, ausgesetzt wird. Das Holz soll hierbei bis in die kleinsten Theile imprägnirt werden, gegen Fäulniß völlig geschützt und sehr hart sein. Auf diese Weise behandeltes Buchenholz ergab eine Steigerung seiner Festigkeit bis zu 19 %.

Zweifellos dürfte sein, daß die Imprägnirung des Buchenholzes noch weiter zu verfolgen ist, daß viele Mißerfolge mit imprägnirtem Buchenholze auf unrichtiger Methode, oder nicht genügender Tränkung beruhen, und es bleibt zu hoffen, daß es mit der Zeit der Technik gelingen wird, allseitig befriedigende Ergebnisse in dieser Hinsicht zu erzielen, zumal bei der Verwendung des Buchenholzes zu Eisenbahnschwellen Einzelerfahrungen vorliegen, die als besonders gute bezeichnet werden müssen. In den Jahren 1852—58 z. B. sind bereits auf deutschen Eisenbahnen 309116 imprägnirte Buchenschwellen, von denen 30862 mit Kreosot, 113667 mit Zinkchlorid, 117051 mit Kupfervitriol, 39744 mit Schwefelbarium und Eisenoxydul, 7992 mit Quecksilbersublimat getränkt waren, verlegt gewesen. 1865 und 68 angestellte Ermittelungen haben ergeben, daß auf der Köln-Mindener Eisenbahn die obengenannten mit Kreosot behandelten Buchenschwellen nach 13 Jahren Lagerung im Geleise nur 6,6 % seit der ersten Verlegung verloren hatten. Dagegen hatten auf derselben Bahn verlegte, mit Zinkchlorid imprägnirte Schwellen nach 11 Jahren bereits einen Verlust von 46,28 % aufzuweisen, wogegen auf der Strecke Hannover-Cassel von 81000 mit derselben Lösung getränkten Buchenschwellen nach 13 ½ Jahren erst 25,5 % ausgewechselt wurden. Dort waren erst nach 17 ½ Jahren 87,4 % ausgewechselt und wird die Durchschnittsdauer der vorgenannten 81000 Stück auf 14,8 Jahre angegeben. Ja es sollen auf trocken gelegenen Strecken in der Nähe von Münden verlegte Schwellen nach 13 jährigem Liegen nur 4,5 % Verlust gezeigt und die übrigen zum Theil ein Alter von 20—22 Jahren erreicht haben. Daß die Art der Unterbettung (Steinschlag, Kies, Sand) und die Pflege der Schwellen im Geleise, besonders bei denjenigen von Wichtigkeit ist, bei denen eine Entlaugung oder chemische Zerlegung des Imprägnationsstoffes durch die Erdfeuchtigkeit möglich ist, liegt auf der Hand. Ebenso ist die Nagelung der Buchenschwelle, welche im Uebrigen hier ebenso gut festhält wie in der eichenen Schwelle, in erster Linie mit der Anlaß zum Eindringen von Feuchtigkeit und Pilzsporen in's Innere und würde es Sache der Technik sein, besonders hier eine Methode der Schienenverbindung mit der Schwelle zu bieten, welche diese Uebelstände vermeidet.

5. Das Auskochen.

Auch die Behandlung des Buchenholzes mit heißem Wasser oder Dampf ist ein altes, und bis heute besonders in der Möbelfabrikation beliebtes Mittel zur Verbesserung dieses Rohstoffes. Bereits 1740 wird das Verfahren als in der holländischen Marine zur Konservirung und leichten Biegung in beliebige Krümmen eingeführt bezeichnet. Auch in England und Frankreich ist schon im vorigen Jahrhundert bekannt gewesen, daß man gekochtes Buchenholz in beliebige Formen biegen könne, ohne daß es bricht. Die Härte wird erhöht, Insektenfraß verhindert und das Reißen und Schwinden der gut getrockneten Hölzer hört auf. Völker weist schon 1830, Jester 1815 ebenfalls auf Dampfapparate hin, wie sie ähnlich heute noch bei der Herstellung der gebogenen Möbel in Gebrauch sind (Thonet).

Wir sehen sonach, daß es seit sehr langer Zeit zwar der Technik schon am Herzen gelegen hat, das Buchenholz zu verbessern und seinen Verbrauch zu vermehren, müssen aber rückblickend auf alle diese Bestrebungen eingestehen, daß nach den oben angegebenen Zahlen von etwa 13 % jetzigem Buchen-Nutzholz-Anfall wir bis heute in dieser Frage noch nicht sehr fortgeschritten sind.

V. Einzelversuche mit Rothbuchen-Nutzholz.

Dies wird auch bestätigt beim aktenmäßigen Verfolgen derjenigen Versuche, welche zum Theil mit großem Aufwand von Arbeit und Kosten in Preußen von Staatsbehörden oder Privaten seit 1820 bis heute vorgenommen worden sind. Es dürfte von Interesse sein, einige dieser Versuche und ihre Ergebnisse ebenfalls kurz vorzutragen.

1. Georg Ludwig Hartig's Versuch.

Der Oberlandforstmeister Hartig zu Berlin beantragte im Juni 1819, daß ihm gestattet werde, zur „Untersuchung des Verhältnisses, in welchem die verschiedenen Bau- und Nutzhölzer in Rücksicht auf ihre Dauer überhaupt und in Rücksicht auf die verschiedenen Expositionen, in die sie beim Verbrauche gebracht werden, insbesondere zu einander stehen", Gelegenheit gegeben werde und die Kosten vom Staate übernommen würden. Er sagt dazu, „man weiß noch nicht einmal zuverlässig anzugeben, wieviel länger das im Winter gefällte Holz dauert gegen das in der Saftzeit gehauene. Ebenso wenig weiß man, welcher Unterschied in der Dauer stattfindet, wenn das Holz auf gutem oder schlechtem Lehm- oder Sandboden gewachsen ist und entweder in mittlerem oder hohem

Alter verbaut wird, und auch darüber ist man nicht belehrt, ob und welche Vor- oder Zubereitung des Holzes demselben eine längere Dauer geben kann." Er hatte bereits in seinem Forst- und Jagd-Archive (Jahrgang 1816, II. Heft, S. 13) einen Plan zur Ausführung dieser Versuche veröffentlicht, welcher nunmehr, in einigen Punkten vereinfacht, durch Verfügung vom 7. September 1819 zur Ausführung genehmigt wurde.

Es sollte erprobt werden außer anderen Holzarten auch die Rothbuche und zwar nach folgenden Gesichtspunkten: 80—100 und 100—150jähriges Holz von 1. gutem, 2. magerem Lehm, 3. gutem, 4. magerem Sand, 1. frisch, 2. ausgetrocknet, 3. auf dem Stamme geschält und getrocknet, 4. ausgelaugt und getrocknet, 5. getrocknet und mit Oelfarbe, 6. mit Theer überzogen, 7. ausgetrocknet und angebrannt, 8. ausgetrocknet, angebrannt und mit Theer überzogen, a) unter Dach, b) im Wetter, c) in der Erde und d) unter Wasser, wobei die Fällungszeit bez. ihres Einflusses auf die Dauer des Holzes besonders mit berücksichtigt werden sollte. Er richtete im Garten der Thierarzneischule in Berlin ein besonderes, von oben offenes Gebäude mit einem Wasserbassin ein, wo die zahlreichen Versuchsstücke, soweit sie nicht unter Dach aufbewahrt werden sollten (mit Porzellanplatten numerirt), zur Aufstellung gelangten, während die letzteren auf dem Boden der Akademie der Wissenschaften aufbewahrt wurden. Ueber sämmtliche Stücke wurde ein Lagerbuch angelegt, welches später der Bibliothek der Forstakademie zu Eberswalde überwiesen worden ist. In diesem hören mit 1837 alle Notirungen auf. Hartig starb in diesem Jahre. Das Gebäude selbst gerieth in Verfall und obwohl es in letztgenanntem Jahre auf Antrag der Thierarzneischule nochmals hergerichtet und mit „Trauerweiden" umpflanzt wurde, ist dasselbe in den Wirren des Jahres 1848 erbrochen worden, zum Verbergen von Waffen benutzt und die darin aufbewahrten Hölzer sind entwendet oder zerstört. Demgemäß wurde das Haus abgebrochen und die vorerwähnten Hölzer vom Boden der Akademie der Wissenschaften der Forstakademie zu Eberswalde überwiesen.

So sehr es zu beklagen ist, daß dieser groß angelegte Versuch ohne Ergebniß blieb, ist nicht zu verkennen, daß er den Anforderungen wissenschaftlicher Ergründung nicht entsprach und so komplicirt angelegt war, daß seine Ergebnisse kaum maßgebend geworden wären.

2. Imprägnirungsversuche des Oberförsters Biermanns in der Oberförsterei Mulartshütte, Regierungsbezirk Aachen.

Dieser war Anfang der 50 er Jahre damit beschäftigt, stehende Buchen und Eichen durch Zuführung einer Imprägnirungsflüssigkeit, aus Metallsalzlösungen bestehend, welche von den Stämmen selbst aufgesogen werden sollte, brauchbarer zu machen, Versuche, welche der Minister für Handel und öffentliche Arbeiten, wie die Forstverwaltung im Interesse der Schwellengewinnung lebhaft unterstützten.

Biermanns wurde 1855 ermächtigt, in der genannten Oberförsterei etwa 6000 Kubikfuß zu imprägniren und derartiges Schwellholz für den Bau der Köln-Krefelder-Bahn zu schwellen abzugeben. Demgemäß wurden 1190 Stück daselbst 1856 verlegt; das Ergebniß wird als sehr ungünstig bezeichnet, bereits 1864 waren die meisten Schwellen zerstört.

3. Weitere Imprägnirungsversuche von Buchenschwellen.

Die Versuche zum Ersatz der theuren und nicht überall preiswerth zu beschaffenden Eichenschwellen durch solche von Buchenholz sind bereits bei Beginn der Ausdehnung des Eisenbahnnetzes in Preußen aufgetaucht, und in Anbetracht der Wichtigkeit sowohl für die Bahnverwaltungen wie der Buchenwaldbesitzer von den 50er Jahren bis heute überall und in ganz ausgedehnter Weise fortgesetzt worden, wie wir bereits oben angedeutet haben.

Die Stoffe, welche zur Imprägnirung verwendet worden sind (Zinkchlorid, Eisenvitriol, Schwefelbarium, Kreosot und Theeröl, Wasserglas, Kupfervitriol, Quecksilberchlorid), sowie die Methoden, nach welchen imprägnirt wird, sind so außerordentlich mannigfaltig, die Ergebnisse bis heute so verschieden, daß es schwer hält, zu einem abschließenden Urtheil über diese Frage der Verwendung des Buchenholzes zu kommen. Daß mit zunehmendem Umfange der Geleisanlagen, wozu in neuerer Zeit die Kleinbahnen hoffentlich einen erheblichen Beitrag liefern werden, die Verwendung des Schwellholzes von gesteigerter Wichtigkeit geworden ist, braucht kaum hervorgehoben zu werden, da es bekannt sein dürfte, welche enorme Holzmassen zu Neuanlagen und zum Ersatz der abgängigen Schwellen alljährlich von den Eisenbahnverwaltungen ausgeschrieben werden. In der Sitzung des Abgeordnetenhauses am 27. April 1895 ist von dem Abgeordneten Geh. Ober-Regierungsrath Herrn Gamp der Werth des nöthigen Schwellholzes allein der Staatsbahnverwaltung auf etwa 13 Millionen Mark jährlich angegeben worden, und der Herr Minister der öffentlichen Arbeiten hat in derselben Sitzung mitgetheilt, daß für 1895/96 2 254 000 hölzerne Schwellen beschafft werden müßten, worunter allerdings keine von Buchenholz. Gayer giebt an, daß für die europäischen Bahnen ein jährlicher Erneuerungsbedarf an Schwellenholz von etwa 25 Millionen Festmeter zu schätzen sei, und daß täglich auf diesen Strecken rund 70 000 cbm Holz ausgeworfen werden müßten.

Daß unter diesen Umständen bereits früh neben Eiche und Kiefer zur Buche gegriffen wurde, ergiebt sich von selbst, und ist es doppelt bedauerlich, daß es beim Durcharbeiten der diesbezüglichen Mittheilungen sich herausstellt, daß es noch nicht gelungen ist, die Buchenschwelle so widerstandsfähig zu machen, um den hohen Anforderungen, welche bezüglich Dauer und Preis an sie gestellt werden, zu entsprechen.

Im deutschen Reiche sollen zur Zeit nur etwa 1% der Bahnschwellen von Buchenholz sein. Auch der Herr Minister der öffentlichen Arbeiten hat bei vorgenannter Gelegenheit erklären müssen, daß, so wohlwollend er den Bestrebungen zur Einführung der Buchenschwellen gegenüberstehe, die Ergebnisse aller erdenklicher Lieferungs- und Imprägnirungsmethoden im Allgemeinen ungünstig seien. Neben einzelnen vorzüglichen Resultaten ständen andere ebenso ungünstige, deren Ursachen nicht festgestellt seien. Auf

3. Weitere Imprägnirungsversuche von Buchenschwellen.

Strecken, wo buchene Schwellen verlegt waren, hätten einzelne sich fast so gut gehalten wie eichene, andere dagegen hätten nach 2 bis 3 Jahren bereits ausgewechselt werden müssen, es sei daher eine umfassende Verwendung von Buchenschwellen zur Zeit nicht möglich. Wir haben bereits oben gesehen, wie verschiedene Faktoren bei der künstlichen Verbesserung des Buchenholzes im Spiele sind und wie wenig abschließend die Kenntniß von denselben noch ist.

Bei der Wichtigkeit der Frage für den Buchenwald, die Eisenbahnverwaltung und die Staatsfinanzen muß aber dennoch die Hoffnung nicht aufgegeben werden, auf Mittel und Wege zu kommen, aus dem Buchenholze eine gleichmäßig dauerhafte Schwelle herzustellen. Es scheint in erster Linie beim Ueberblicken der ganzen Reihe der bezüglichen Versuche vor Allem darauf anzukommen, das Holz bei der Behandlung im Walde möglichst vor Ansteckungskeimen zu bewahren und sodann ein billiges Imprägnationsverfahren zu erhalten, welches die Holzfaser so vollständig tränkt, daß etwa trotzdem vorhandene Zersetzungsfaktoren beseitigt und das Eindringen neuer auf längere Zeit verhindert. Es wird alles darauf ankommen, daß der gefällte Stamm möglichst rasch aus der dumpfen Lagerung im Walde entfernt, oder am besten sofort an Ort und Stelle zu Schwellen zerschnitten wird. Ist dieses nicht angängig, könnte das alsbaldige Einbringen des auf Schwellenlänge zerlegten Rundholzes in Wasser bis zur weiteren Bearbeitung versucht werden. In den Imprägniranstalten müßte das Lagern der ungetränkten Schwellen nach Möglichkeit vermieden werden und würden Versuche über energische Trocknung der Buchenschwelle, vor oder nach der Imprägnirung angestellt, von erheblichem Interesse sein. Es dürfte feststehen, daß im Wesentlichen nur zwei Feinde zu bekämpfen sind: Feuchtigkeit und Pilze, und wird theoretisch kein Grund vorliegen, dieser in der Buchenschwelle ebenso Herr zu werden, wie bei der Herstellung von buchenen Fußböden, von der weiter unten die Rede sein wird. Die ganze Sachlage ermuntert zweifellos zur Anstellung eingehender weiterer Versuche, welche um so leichter durchgeführt werden könnten, als die technischen und materiellen Einrichtungen in den staatlichen Imprägnirungsanstalten zur Hand sind. Vielleicht könnten auch die Versuche zur Herstellung einer brauchbaren Buchenschwelle einen dankbaren Arbeitsstoff für die Kgl. mechanisch-technische Versuchsanstalt in Charlottenburg und die Hauptstation des forstlichen Versuchswesens in Eberswalde bilden. Am Entgegenkommen der Forstverwaltungen wird es dabei nicht fehlen.

4. Verfahren des Dr. Kaufmann.

Dieser, Forstexperte der russischen Marine, gab 1863 seine Erfahrungen über Holzverbesserung mit der Schrift: „Neues Schutzmittel, das Holz durch Verdichtung und Austrocknung vor Fäulniß zu schützen" (in Berlin, C. G. Lüderitz) heraus. Er überreichte dieselbe 1867 Sr. Majestät dem Könige, auf dessen Veranlassung von dem Finanzministerium über das Verfahren Bericht erstattet wurde.

Es besteht im Wesentlichen aus der vorne unter III, 1 mit Abwelken auf dem Stamme bezeichneten Methode. Ein längst bekanntes Mittel wird mit einigen Variationen und umständlicher Form von Neuem vorgeführt. Er will im Frühling bei vollem Safte 1—1½ Fuß von der Erde die Rinde und ein wenig Splint ringsum durchschneiden, dann längs des Stammes die Rinde in vier Streifen abheben bis zu der möglichsten Höhe und ohne die Basthaut zu zerstören. Sodann werden die hängenbleibenden 4 Rindenlappen lose an dem Stamme festgebunden, die Wurzeln des Baumes 1—2 Fuß tief frei gegraben und derselbe bis zum Herbste des Fällungsjahres stehen gelassen. Es folgt (im September bis November) die Fällung ohne Aestung und im Winter erst die völlige Aufarbeitung. Dadurch solle der Baum vom Mark bis in den Splint radikal austrocknen und vor Verderben gesichert sein.

Die Rheinische Eisenbahngesellschaft hatte bereits 1864 danach Versuche angestellt und mit Genehmigung des Finanzministeriums aus dem Coblenzer Bezirke das Versuchsmaterial an Buchen- und Eichenschwellholz erhalten. Die wenig wissenschaftliche Grundlage der ganzen Arbeiten, sowie die viel zu theuere und für den großen

Forstbetrieb ungeeignete Art der Ausführung haben dem Verfahren keinen Eingang verschafft, und ist die Wirkungslosigkeit desselben auf wesentliche Verbesserung der Holzfaser wohl als erwiesen zu betrachten.

5. Die Versuche über die Eigenschaften des Buchenholzes in den Staatsforsten Preußens.

a) Im Jahre 1863 wurden in den Oberförstereien Höven und Heimbach des Regierungsbezirkes Aachen Versuche angeordnet, wobei das vorerwähnte Verfahren des Abwelkens am liegenden Stamm vereinigt wurde mit der ebenfalls bereits gestreiften Räucherung. Fällung im Mai, Entrindung einiger, Belassung der übrigen Buchen mit Rinde, Abwelken des Laubes bis Mitte Juni, Aufarbeitung aller zu Eisenbahnschwellen, Räucherung theils über Schmauchfeuer, theils auf einem Kohlenmeiler, theils Ankohlung über Flammfeuer erfolgten nach einander. Die Schwellen wurden auf der Rheinischen Eisenbahn verlegt. Das Ergebniß ist ein negatives gewesen, eine wesentliche Verbesserung des auf freier Strecke rasch faulenden Holzes ist nicht erreicht worden. Auch war das Verfahren ein sehr mühsames und theueres. Die fertige Schwelle kostete loco Bahn von der Oberförsterei Heimbach 1 Thaler 2 Sgr. 9 Pf., von Höven sogar 1 Thaler 19 Sgr. 6 Pf. im Selbstkostenbetrage.

b) Im Jahre 1864 ordnete der Herr Minister für die Staatsforsten durch Verfügung vom 17. Februar an, daß in den hauptsächlichsten Buchen-Bezirken des damaligen Staates komparative Versuche über die Dauer des Buchenholzes, welches nach verschiedener Weise gefällt, verarbeitet und aufbewahrt werden sollte, auf Staatskosten angestellt würden. Bereits damals wurde hervorgehoben, daß je mehr der Absatz des Buchenholzes Schwierigkeit fände, es Streben der Forstverwaltung sein müsse, für die bisher nur sehr beschränkte Verwendung desselben als Nutz- und Bauholz ein weiteres Feld zu gewinnen. Der Verwendung im Trocknen sei bisher hauptsächlich „der Wurmfraß" hinderlich gewesen, der Verwendung in wechselnder Feuchtigkeit das „Verstocken";

es komme daher darauf an, Mittel und Wege aufzufinden, um diese Schäden vom Buchenholze fern zu halten und wenn dieses gelänge, das Vorurtheil zu beseitigen, welches sich in der allgemeineren Verwendung des Buchenholzes zu Bauten, Eisenbahnen u. s. w. nach den bisherigen Erfahrungen entgegenstellte.

Das Imprägniren mit fäulnißwidrigen Substanzen werde zu kostspielig und umständlich, um bei der Konkurrenz anderer Holzarten, welche der Imprägnirung weniger bedürfen, den vermehrten Verbrauch des Buchenholzes hoffen zu lassen. Es sollte durch exakte Versuche erprobt werden, im Vergleiche mit dem allgemein üblichen Winterhiebe, ob ein Fällen beim Laubausbruch und das Abwelken am liegenden Stamme oder das auch von den Engländern bei der Fällung von Teakbäumen in Indien zu Schiffsbauholz angenommene Abwelken am stehenden Stamme (Gürteln) nicht genügende Erfolge aufweise.

An Stämmen von
1. 12—18 Zoll Durchmesser in Brusthöhe,
2. 9—12   „   „   „   „
3. 6— 9   „   „   „   „

in möglichster Nähe erwachsen, sollte Folgendes ermittelt werden:

A. je ein Stamm im Winter gefällt,

B. je ein Stamm beim Laubausbruch gefällt (nach einer Bestandslücke, behufs möglichster Lichteinwirkung), liegenbleibend bis zur Vertrocknung des Laubes,

C. je ein Stamm im Winter zu gürteln, wie bereits mehrfach erwähnt ist, und zu fällen erst nach völligem Absterben der letzten Blätter. Alle Stämme ad A—C waren nach der Aufarbeitung unentrindet auf Unterlagen einen Monat an luftigen Orten zu lagern. Von den Stärkeklassen 1 und 2 waren die Versuchsstücke auszuschneiden und zwar

    a) 4—5 Fuß lang, aus welchen Bohlen und Bretter von $2^1/_2$ und 1 Zoll Dicke hergestellt werden sollten,

    b) Balken, 4—5 Fuß lang, 6—8 Zoll □.

5. Versuche über die Eigenschaften des Buchenholzes.

Von den so erhaltenen Bohlen, Brettern und Balken sollte je eins auf trockenem Speicher, je eins in dumpfigem Keller und je eins ganz in freier Luft aufbewahrt werden, und je ein Stück zur Eisenbahnschwelle ausgearbeitet (8 Fuß lang, 12 Zoll breit, 7 Zoll stark) und in der Erde verlegt werden. Von der dritten Stärkeklasse waren je 9 Stücke von 4—5 Fuß Länge herzustellen, wovon je 3 Stück unentrindet, je 3 Stück geplätzt, je 3 Stück vollständig entrindet werden und von diesen drei verschieden bearbeiteten Hölzern sollte je eins auf dem Speicher, in dem Keller oder an der Luft aufbewahrt werden.

Ueber den Versuch wurde nach Einbrennung der Nummern 1—87 in die Versuchsstücke für jede Oberförsterei ein Lagerbuch geführt, worin an jedem Jahresschlusse die Ergebnisse verzeichnet wurden.

Dieser umfassende Versuch hat bis zum Jahr 1876 die betheiligten Regierungen beschäftigt und ist als gemeinsames Ergebniß im Wesentlichen hinzustellen,

1. daß ein erheblicher Unterschied der Dauer des Winterholzes in Vergleich mit dem Saftholze nicht hervorgetreten ist;
2. daß der Durchmesser des Stammes, sowie das Zerlegen in Balken, Bohlen oder Bretter keinen Unterschied in der Dauer hervorgerufen hat;
3. daß diese Sortimente, bei gehöriger Luftcirkulation trocken aufbewahrt, die Qualität als Bau- und Werkholz zweifellos bewahrt haben, soweit nicht hin und wieder Insektenfraß eingetreten war;
4. daß bei Aufbewahrung im Keller nach etwa 10 Jahren das Holz zu jedem technischen Zweck unbrauchbar geworden war;
5. annähernd dasselbe Resultat hat die Aufbewahrung im Freien ergeben;
6. das schlechteste Ergebniß hat der Versuch mit dem Schwellholz gehabt. Auf den Oberförstereien verlegtes Buchenschwellholz war nach 10 Jahren zum Theil so verwest,

daß es kaum mehr nachzuweisen war, und von der Eisen=
bahn=Direktion Saarbrücken verlegte Buchenschwellen vom
Sommerholz mußten im Herbste desselben Jahres, da sie
völlig verstockt waren, ausgeworfen werden;

7. das gegürtelte Holz läßt auch hier wieder keinen Unter=
schied von den beiden anderen Methoden wesentlich er=
kennen, mehrfach wird es sogar noch ungünstiger beurtheilt,
wie das nach den übrigen Methoden gefällte.

Aus allen Berichten ergiebt sich, daß die individuellen Eigen=
schaften verschiedener, gleichmäßig behandelter Buchenstämme von
wesentlichstem Einflusse auf die Holzdauer sind, und daß gleich=
mäßige Trockenheit der Hauptfaktor zur Erhaltung des Buchen=
holzes für Nutzzwecke ist.

Von Interesse dürfte es sein, daß auf der internationalen
Ausstellung in Brüssel 1876 der damalige Oberförster Borggreve
Probestücke der vorgenannten Versuche zur Veranschaulichung ge=
bracht hat, wobei das Urtheil dahin ging, daß die Methode des
Gürtelns ganz zu verwerfen, und ein positiver Erfolg bei dem
Versuche nicht zu verzeichnen sei.

6. Tharander Versuche.

Vergleichsweise von Interesse dürfte auch sein, kurz Kenntniß
zu geben von den Versuchen, welche im Jahr 1867 in Sachsen
seitens der Forstakademie Tharand und der Kgl. Sächsischen
Eisenbahnverwaltung über die Frage des Einflusses der Fällungszeit
auf die Dauer der Hölzer auf Grund eines Arbeitsplanes, welchen
der Oberforstrath Judeich nach sorgsamer Berathung mit allen Be=
theiligten vorlegte, angestellt worden sind. An den Berathungen
betheiligte sich der damalige Vorsitzende des schlesischen Forstvereins
Oberforstmeister a. D. von Pannewitz. Es wurde beschlossen, in
Sachsen vorerst nur die Fichte zu beobachten und Preußen anheim=
gegeben, seinerseits die Buche zu bearbeiten. Die Tharander Ver=
suche sind insofern besonders wichtig, als zum ersten Mal der
Nachdruck gelegt wurde nicht nur auf empirische Erfolge in der
Verwendung, sondern auf die wissenschaftliche Ergründung der Ur=

sachen der verschiedenen Dauer. Chemisch=physiologische Untersuchungen sollten in ununterbrochener Folge die Zustände, in denen die Versuchsstücke sich befanden, feststellen. Der Versuch sollte sich beschränken auf Fichten im Haubarkeitsalter gleichen Standortes und die Verwendung nur als Eisenbahnschwellen, da der Einfluß der Fällungszeit bei Verwendung ganz im Trocknen oder ganz im Wasser verschwindend klein sei. Nach dieser Koncentrirung des Versuches wurden während des Frühjahrs, beim Erwachen, und des Herbstes nach Aufhören der Vegetationsthätigkeit alle 14 Tage, im Uebrigen jeden Monat 2 Fichten gefällt, nach bestimmter Vorschrift zerlegt und den Laboratorien der Forstakademie Tharand zugeführt. Hier fand die Bestimmung der Gewichtsverhältnisse, der Verdunstungsgröße, des Schwindungsprozentes, der quantitativen wie qualitativen Zusammensetzung des Holzes bezüglich der organischen und anorganischen Stoffe statt. Besonderes Gewicht sollte auf die Stickstoffbestimmungen gelegt werden, weil vorzugsweise diese die schnellere oder langsamere Zersetzung des Holzes bedingen. Es sollten jedesmal 2 gleichzeitig gefällte Stämme nebeneinander untersucht werden, um zu ermitteln, ob und inwieweit individuelle Verschiedenheiten von Wichtigkeit wären. Es würde zu weit führen, hier im Einzelnen den außerordentlich umfangreichen Versuch zu schildern, zumal die Veröffentlichung der Ergebnisse bewirkt ist*). Von Wichtigkeit für die vorliegenden Betrachtungen ist, daß die Versuchshölzer, welche 1868 in die für sie hergerichteten Sandbettungen eingebracht, bereits im Jahre 1876 so zersetzt waren, daß einzelne Stücke auf Festigkeit nicht mehr untersucht werden konnten. Die übrigen wurden dem Schlage eines Fallgewichtes ausgesetzt, der Widerstand pro □ mm schwankte zwischen 3,45 und 10,96 kg. Den geringsten leistete der September, den größten der Februar, während das Maiholz nur 7,75 kg Widerstand ergab. Auch das unter Dach aufbewahrte Probeholz wurde dem Fallgewichte ausgesetzt und der Widerstand zwar wesentlich höher, aber ebenfalls so variabel

---

*) Tharander Jahrbuch 1869, Bd. 19, S. 133; 1874, Bd. 24, S. 177; 1879, Bd. 29, S. 69.

gefunden, daß auch hier ein Einfluß der Fällzeit nicht erkennbar war. Dieses konnte um so sicherer behauptet werden, weil die beiden gleichzeitig gefällten, demselben Bestande entnommenen, gleichmäßig behandelten Stämme die allergrößten Unterschiede zeigten.

Aus der Vergleichung der preußischen und sächsischen Versuche dürfte ebenfalls einleuchten, daß die individuellen Verschiedenheiten der Bäume und Holzstücke weit größer sind bezüglich ihrer Widerstandskraft gegen Fäulniß u. s. w. als die Einflüsse, welche durch die geschilderten Fällungs- und Behandlungsarten bewirkt werden können.

Es müssen also noch unbekannte Faktoren mit im Spiel sein, welche dieses Verhalten herbeiführen. Es wird Sache der weiteren Versuche sein, diesen auf die Spur zu kommen, sie zu erkennen, um sodann ihren unheilvollen Einfluß auf die Dauer des Holzes durch geeignete Gegenmittel zu beseitigen.

Nach dem heutigen Stande der bezüglichen Erkenntniß, den grundlegenden Arbeiten Robert Hartig's und nach den Erfahrungen der Pathologie auch bei Mensch und Thier wird es kaum mehr einem Zweifel unterliegen, daß auch bei den Zersetzungserscheinungen des Holzes zumeist die Einflüsse niederer Organismen es sind, daß die Theorie des „Nährbodens" es ist, welche in erster Linie auch beim Buchenholze in Betracht zu ziehen bleiben. Ist es dem Holzproducenten und Konsumenten möglich, vor und nach der Verwendung das Eindringen dieser Zersetzungswesen zu verhindern, wird die Dauer des Holzes gewährleistet sein. Wie abhängig dieselben von dem Wassergehalte sind, ohne welchen auch chemische Veränderungen zurücktreten, ist bekannt. Die Zersetzungsfrage ist also zugleich eng verbunden mit dem Trockenheitsgrade der Holzfaser.

7. Neuere Versuche über Verwendung von Buchenholz bei Haus- und Wegebauten.

Es ist bereits wiederholt darauf hingewiesen, daß alle Verwendungsarten des Buchenholzes in wechselnder Feuchtigkeit ihre großen Schwierigkeiten haben, daß dagegen die Verwendung dieses Rohstoffes für zahlreiche Zwecke, welche es diesen Verhältnissen

7. Neuere Versuche über Verwendung von Buchenholz.

nicht aussetzen, besonders angebracht erscheint. Es wird darauf ankommen, diejenigen Erfahrungen und Versuche, welche bezüglich der Anwendung des Buchenholzes im Trocknen gemacht sind, näher darzulegen.

In den Jahren 1871—72 wurden in Leipzig in Neubauten einer großen Anzahl von Wohnhäusern Treppen aus Rothbuchenholz hergestellt und zwar nicht nur die Wangen, Tritt- und Setzstufen, sondern auch das ganze Geländer. Im Handelsblatt für Walderzeugnisse wird berichtet, daß sie sich mindestens ebenso gut wie Eichenholz gehalten hätten und bei erheblich größerer Billigkeit nach 12jährigem Gebrauche die Abnutzung eine sehr geringe sei. Allerdings ist dabei eine besondere Sorgfalt bez. der Auswahl des Holzes und bei der Verschraubung der Holztheile zur Vermeidung des Werfens an den Tag gelegt worden.

In dem Fürstenthum Lippe-Detmold hat der Herr Oberforstmeister Feye es sich bereits in den 70er Jahren angelegen sein lassen, für die Verwendung von Buchendielen zu wirken. Nicht nur das ganze Amtsgebäude der Forstdirektion und die Dienstwohnung des Genannten ist größtentheils, selbst der Hausboden mit Buchen gedielt, sondern auch andere Gebäude des Staates sind mit dieser Dielung versehen worden. Die Forst-Dienstetablissements werden grundsätzlich damit versehen und sollen die Erfahrungen damit die besten sein. Die Fällung der Buchen erfolgt im Vorwinter; die Bloche werden durch den Kern einmal aufgetrennt, zwei Monat im Wasser ausgelaugt, senkrecht zur ersten Trennungsfläche in Dielen von 20—30 cm Breite geschnitten und getrocknet verlegt.

Ueber einen Versuch, welchen der Mühlenbesitzer Roßner zu Koesen im Jahre 1867 mit Buchendielung gemacht hat, wird mitgetheilt, daß in den Forsten der Landesschule Pforta im Winter 1865 eine größere Menge Rothbuchenbloche zum Einschlag gelangten. Dieselben konnten wegen des Krieges erst im Spätsommer 1866 zur Auktion kommen. Der gen. Mühlenbesitzer ließ sie erst im Winter 66/67 zu 2 Zoll starken Bohlen im Walde zerschneiden, unter luftiger Verdachung aufstapeln und nach völliger

V. Einzelversuche mit Rothbuchen-Nutzholz.

Austrocknung im Herbst 1869 bei der Dielung zweier Etagen verwenden. Es sind damit die dem Hauptbetriebe dienenden Stein- und Putzböden mit ca. 4000 □ Fuß bedielt worden. Die Bretter sind 12—18 Fuß lang, 15—18 Zoll breit, genutet und mit Kiefernholzfedern auf Fichtenträgern mit starken Nägeln befestigt. Ein Bericht der Regierung zu Merseburg besagt: nach 17 jähriger starker Benutzung hätte die Dielung sich ausgezeichnet bewährt, gar keine Reparaturen verlangt, weder ein Verwerfen, noch lokale Abnutzung gezeigt, und es seien die Bodenflächen ein dem Parquet ähnliches, schönes Ganze geblieben.

Von dem Fabrikdirektor Rößler des Fürsten Ysenburg-Wächtersbach wird 1885 mitgetheilt, daß in einer Thonwaarenfabrik seit 24 Jahren in Arbeitssälen, in welchen feuchte Thonmasse bearbeitet wird, viel mit Wasser hantirt, viel mit nägelbeschlagenem Schuhwerk gegangen, häufig gekehrt und geschrubbt würde, Buchendielen verlegt seien. Die Abnutzung ist dort eine so verschwindend geringe gewesen, daß bei einem Umbau 20 Jahre gebrauchte Buchendielen mit neuen zusammen verlegt werden konnten. Dieselben sind kurz, sog. Riemen, und werden in folgender Weise hergestellt. Nach der Fällung im November bis Januar wird thunlichst bald das grüne Holz durch einen Doppelkreuzschnitt der Länge nach in 5 Balken zerlegt von 10—15 cm Höhe. Während der mittelste, den Kern enthaltende Balken nicht zu Dielen verwendet wird, werden die 4 anderen senkrecht zu den Jahrringen in Bretter von $2^{1}/_{2}$ cm Dicke und $1^{1}/_{2}$—2 m Länge zerlegt. Es soll dadurch der Neigung des Buchenholzes zum Werfen und Reißen entgegengetreten werden. Je mehr Jahresringe im Querschnitt des Brettes zu zählen sind, um so brauchbarer soll es sein. Die gewonnenen Bretter werden ebenfalls wegen der wesentlichen Kraftersparniß alsbald im grünen Zustand behobelt. Nach sorgsamer Lagerung in luftigem Schuppen und völliger Austrocknung findet erst die Verlegung statt. Die Kosten haben sich im Jahre 1885 bei einem Kaufpreise des Holzes von 17 ℳ. pro Festmeter folgendermaßen gestellt: 1,33 fm Holz ergaben 1 fm Riemen = 40 □ m. Der Kaufpreis, Schneidelohn

7. Neuere Versuche über Verwendung von Buchenholz.

und das Abhobeln kosteten 50,70 ℳ. Unter Zurechnung von 7 Proc. Verlust durch Schwindung, 5 Proc. durch Reißen (= 6,09 ℳ.) und Transport zur Bahn (= 5 ℳ.), erhöht sich der vorgenannte Preis auf 61 ℳ. 79 ₰ für 40 ☐ m Riemen. Der Preis des fertigen Materiales betrug also für 1 ☐ m 1,55 ℳ., während 1 ☐ m Kiefern- oder Fichtendielen sich damals in dortiger Gegend bei 2—2½ cm Stärke auf 1,2—1,8 ℳ. stellte, aber in den vorgenannten Arbeitssälen höchstens von 10jähriger Dauer war gegenüber einer 30jährigen Dauer von Buchendielen.

In einer späteren Mittheilung berechnet Herr Rößler die Preise für unbehobelte Buchenbohlen wie folgt:

2 cm stark 1,05 ℳ. pro ☐ m
2½ = = 1,31 = = =
3 = = 1,58 = = =
4 = = 2,10 = = =
5 = = 2,63 = = =
6 = = 3,15 = = =
7 = = 3,68 = = =
10 = = 5,25 = = =

Dieselben guten Erfahrungen, wie sie in Wächtersbach gemacht sind, sollen auch in den ausgedehnten Arbeitsräumen der Krupp'schen Eisenwerke in Essen vorliegen, und auch in der Forstakademie zu Münden sind im Jahre 1884 ein von Hausschwamm zerstörter Fichtenfußboden in der unteren und mehrere Räume in der oberen Etage mit gutem Erfolge mit Buchenholz belegt.

Nachdem durch Verfügung des Herrn Ministers der öffentlichen Arbeiten vom 19. November 1885 die Königlichen Regierungen u. s. w. veranlaßt wurden, bei Staatsbauten geeigneten Falles Buchenholz beim inneren Ausbau der Gebäude zu verwenden, und seitens des Herrn Ministers für Landwirthschaft, Domänen und Forsten die an der Verwendung desselben besonders interessirten Regierungen fortlaufend angeregt worden sind, den Buchendielungen Beachtung zu schenken, lassen sich die Beispiele für diese Verwendung noch erheblich vermehren. Auch Parquet- oder Stabfußböden von quadratischem oder rechteckigem Querschnitt sind in großer Zahl seitdem bei Staatsbauten zur Verwendung gelangt.

So ist im Jahre 1885 die Försterei Altendambach in der Oberförsterei Schleusingen des Erfurter Bezirkes ganz mit Buchenholz gedielt, das Landgerichtsgebäude zu Magdeburg auf 130 □ m 1886 mit Stabfußböden auf den Fluren versehen, wie in Berlin das Museum für Naturkunde, das Reichspostamt in der Oranienburgerstraße, Räume des Staats-Ministeriums und des Forstdienstgebäudes am Tempelhofer Ufer 37. Auch die landwirthschaftliche Akademie zu Poppelsdorf bei Bonn ist 1889/90 auf Veranlassung des Landwirthschafts-Ministeriums in den Zeichen- und Hörsälen mit einem Buchen-Stabfußboden ausgestattet, wobei ein Vergleich zwischen imprägnirtem und nicht imprägnirtem Winterholz und Sommerholz angestellt wurde, ohne daß bisher bei allgemein gutem Ergebniß ein Unterschied hervorgetreten wäre. Der □ m kostete fertig verlegt $5^{1}/_{2}$ M. Auch die Strafanstalten zu Ziegenhain und Siegburg sind mit Buchenfußböden vor Kurzem mit gutem Erfolge versehen worden. In ersterer liegen 300 □ m Stabholz aus den Lehr-Oberförstereien Gahrenberg und Kattenbühl, woselbst das Holz vom November bis Februar gefällt, verkauft, sofort zerschnitten, in Dampf ausgelaugt und in Trockenöfen künstlich gedörrt ist, während in letzterer Anstalt zum Vergleiche neben den Buchen- auch Eichenholzfußböden verlegt sind. Es wäre sehr wünschenswerth, wenn die Versuche über Buchenholzverwendung in den Strafanstalten in größerem Umfange fortgesetzt würden.

Von Interesse sind auch noch die Versuche, welche im Regierungsbezirk Merseburg seit dem Jahr 1885 besonders in Forsthäusern und beim Umbau des Königlichen Schlosses mit Buchenholz gemacht worden sind. Die Lieferung des Holzes übernahm die Forstverwaltung, die Herrichtung, zuverlässige Lagerung und Trocknung meistens der Zimmermeister Werther in Halle a. S. Nachdem die Försterei Fasanerie bei Merseburg 1883 zum Theil mit Buchen gedielt war, wurden aus der Königlichen Oberförsterei

7. Neuere Versuche über Verwendung von Buchenholz.

Heldrungen im Winter 1885/86 50 Stämme mit 51,24 fm nach Halle geschafft, von der Firma Werther alsbald zersägt und bis 1888 gelagert. Die Kosten betrugen:

Holztaxe für 51,24 fm à 20 ℳ. . = 1024 ℳ. 80 ₰
Transport . . . . = 492 = 53 =
Schneiden und Lagerung . . . = 715 = 33 =
                                2232 ℳ. 66 ₰

Es wurden gewonnen:

674 Bretter mit . 40,623 fm
Abfälle . . . . 6,200 =
Schnittverlust . . 4,417 =
                51,240 fm

Die Abfälle wurden für 36,45 ℳ. verkauft. Die Bretter waren in folgenden Sortimenten hergestellt:

371 Stück à 28 mm stark = 693,68 □ m
303 =   = 34 =   =   = 623,52 =
674 Stück mit   1317,20 □ m

Ein □ m kostete nach Abzug des Abfallerlöses von

28 mm Stärke = 1 ℳ. 60 ₰, von
34 =   =   = 1 = 90 =

Es sind damit die neue Försterei Wendelstein (115,29 □ m), das Königliche Schloß in Merseburg (487,48 □ m) und die Försterei Rothenschirmbach (20,75 □ m) versehen worden.

Im Jahre 1888 sind in ähnlicher Weise weitere 70 fm abgegeben worden, wovon 40 fm (= 106,59 □ m 36 und 30 und 28 mm starke Bretter) ebenfalls im Merseburger Schlosse verwendet wurden. Ein □ m kostete:

36 mm stark = 2 ℳ. — ₰
30 =   =   = 1 = 70 =
28 =   =   = 1 = 60 =

Die Selbstkosten würden noch herunterzudrücken sein, falls der Aufwand für Transport, Verarbeitung und Lagerung billiger wäre. Auch der Verlust an Abfall und Schwindung mit 25 bis 26 % des Rohmaterials ist hoch. Diese Momente fallen sehr in's Gewicht bei der Konkurrenz mit Nadelholzdielen, deren Verlegung auch leichter ist. Während in Wendelstein 1 □ m fertig verlegter Buchendiele = 5 ℳ. 95 ₰ kostete, war als Satz pro □ m fertigen Kiefernfußbodens = 3,50 ℳ. damals maßgebend. Bei billigerer Holztaxe, als wie sie bei diesen Versuchen angewendet worden ist, bleibt es aber dennoch zweifellos, daß unter Rücksichtnahme auf die längere Dauer und guten Eigenschaften der Buchendiele diese den Kampf mit der Fichten= und Kieferndiele wohl aufnehmen kann. So kostete der □ m Buchendiele (30 mm) aus der Oberförsterei Ziegelrode 1888 nur 1 ℳ. 28 ₰.

Das Ergebniß der Merseburger Versuche ist, daß die Buchendielungen sich überall tadellos bewährt haben. Auch die Erfahrungen des vorgenannten Herrn Werther, welcher später ein Patent auf einen beweglichen Buchenstabfußboden erhielt, sind bei zahlreichen Verlegungen in öffentlichen und privaten Bauten bei richtiger Behandlung gute gewesen.

Zu demselben Ergebniß ist man im Regierungsbezirke Trier gelangt, wo seit längerer Zeit Buchendielen in Forsthäusern verlegt sind.

Ein interessantes Belegstück über die Dauer der Buchendiele bei sachgemäßer Behandlung ist auch in neuester Zeit von dem Geheimen Baurath Herrn Meydenbauer=Berlin mitgetheilt worden. Derselbe hatte im Sommer 1884 in seiner Bauinspektion Marburg in der Oberförsterei Wetter frisch gefällte Buchenstämme, welche noch im Walde in kurze Klötze zersägt waren, in der Weise weiter behandeln lassen, daß sie zunächst in 12 cm dicke Bohlen (Dicke = Breite der Fußboden=Riemen) zerlegt, 10 Wochen lang in fließendes Wasser kamen, worauf sie zum Trocknen den Winter durch aufgestapelt wurden. Im Frühjahr wurden diese Bohlen in Riemen aufgetrennt von 1 m Länge, 12 cm Breite und 3 cm Dicke. Dieselben wurden weiter an der Luft getrocknet und sodann im Sommer 1885 im Neubau der genannten Oberförsterei im unteren Stocke verlegt.

7. Neuere Versuche über Verwendung von Buchenholz.

Ein Bericht des jetzigen Wohnungsinhabers aus dem Jahr 1895 theilt mit, daß bis heute von Werfen, Reißen oder Abnutzung keine Spur zu bemerken sei, obgleich die mit Buchenholz gedielten Räume (Wohnzimmer, Geschäftsstube und besonders die Küche, der Gang und der Hausflur) sehr viel, zum Theil mit genagelten Schuhen benutzt würden. Im oberen Stock sind Nadelholzdielen verlegt, von welchen, obgleich die dortigen Räume nur wenig benutzt werden (Schlafzimmer, Besuchszimmer) schon seit mehreren Jahren ganze Stücke absplittern, sich Fugen gebildet haben und der Oelfarbenanstrich sich leichter abtritt. Der Bericht schließt wörtlich wie folgt: Von allen diesen Nachtheilen, welche sich beim Nadelholz so rasch einstellen, ist bei den Buchenholzdielen nach 10 Jahren in keiner Weise etwas zu spüren, so daß eine mehr als doppelte Dauer der letzteren jetzt schon als sicher angenommen werden kann. Die höheren Kosten der Bearbeitung des härteren Buchenholzes sind daher schon durch die vielen Vorzüge der weit größeren Dauer und des besseren Aussehens mehr als ausgeglichen.

Bereits vor längeren Jahren ist darauf aufmerksam gemacht worden, daß die große Scheerfestigkeit der Buche sie geeignet erscheinen ließ, bei sorgsamer Imprägnirung in die Reihe der Holzpflaster-Materialien aufgenommen zu werden, zu welchem bisher nur Eichen- und Nadelholz in den Städten Verwendung gefunden hatte. Besonders die Hamburg-Berliner Jalousie-Fabrik Heinrich Freese hat es sich angelegen sein lassen, unterstützt von der Friedrichsruher Forstverwaltung, dieses Material seit 1885 einzuführen. Damals ist bereits die große Bäckerstraße in Hamburg und der Spittelmarkt in Berlin mit 12 und 8 cm hohen Buchenklötzen gepflastert worden. Die Imprägnirung wird mit Chlorzink unter Zusatz von Karbolsäure nach Entlaugung des Holzes unter ganz geringem Druck bewirkt. Die Verlegung der Klötze hat an Einfachheit sehr gewonnen, seitdem sie nicht mehr einzeln, sondern in Platten von annähernd $1/2$ □ m Fläche, welche mit durchgeführten Drähten fast fugenlos die Einzelklötze in sich vereinigen, verlegt werden. Von genannter Firma sind bei zahlreichen Staats- und

Stadtverwaltungen im In- und Auslande Pflasterungen ausgeführt worden, so in Berlin (Lützow-, Friedrich-, Spandauer-, Königstraße), Hamburg, Frankfurt a. M., Karlsruhe und Rom. Auch Innenräume in Arbeitssälen, Lagerböden u. s. w. sind mit diesem Pflaster versehen (Bremen: Zollspeicher, Spandau: Munitionsfabrik). 1890 war der Preis einer Holzpflasterplatte von 96 zu 56 cm Fläche:

10 cm hoch = 4,75 ℳ. ⎫
 8   =   = = 3,75 = ⎬ frei Waggon Friedrichsruh.
 6   =   = = 3,00 = ⎭

Auch der vorerwähnte Fabrikdirektor Rößler hat seine Versuche auf das Buchenholzpflaster ausgedehnt und die Imprägnirung mit Theer empfohlen. Er hebt hervor, daß während das Berliner Nadelholzpflaster (Pitchpine und Cypressen) pro □ m 1885 bei 10 cm Klotzhöhe ohne Betonunterlage etwa 11 ℳ. betrage, dieser bei der Buche sich nicht erheblich höher stellen würde. Mit dieser Unterlage kostet 1 □ m fertigen Straßenpflasters von Buchenholz 15—17 ℳ.

Die Vortheile dieser geräuschlosen Straßenbefestigung gegenüber dem Steinpflaster sind oft genug hervorgehoben worden, ob sie dagegen einen Ersatz für das immer mehr angewendete Asphaltpflaster dauernd zu bieten vermag, ist nach den neueren Berliner Erfahrungen immerhin zweifelhaft. Die städtische Bauverwaltung hat hier seit längerer Zeit, besonders auf Wunsch der Pferdebahn-Gesellschaften, umfangreiche und vielseitige Versuche wie mit Holzpflaster überhaupt, so auch mit Buchenholzpflaster angestellt. Der Herr Minister der öffentlichen Arbeiten hat die städtische Bauverwaltung zu zwei ausführlichen Berichten über die Erfahrungen damit bereits 1888 und 1890 veranlaßt. Aus diesen geht hervor, „daß es bis dahin nicht gelungen ist, dem Buchenholze durch chemische Behandlung Eigenschaften zu verleihen, welche es als einen zur Befestigung verkehrsreicher Straßen besonders geeigneten Pflasterungsstoff erscheinen lassen, und daß bis jetzt weder in Bezug auf Preis oder Haltbarkeit dem aus Buchenholz hergestellten Pflaster vor einem aus gesundem Nadelholz bestehenden ein irgend in's Gewicht fallender Vorzug zuerkannt werden kann". Auch in der Durchfahrt zum Gerichtsgebäude am Alexanderplatz haben auf Beton in Asphalt verlegte Buchenplatten wenig befriedigt, und auch in Frankfurt a. M. sollen Versuche mit Buchenklotzpflasterung ungünstig ausgefallen sein.

Was von diesem wenig erfreulichen Ergebnisse auf das Konto der ungenügenden Tränkung oder Behandlung des Holzes zu setzen ist, bezüglich ob es auch hierbei, wie bei der Buchenschwelle, der Technik gelingen wird, ein Verfahren auszudenken, welches auf billige Weise das Buchenholzpflaster so gegen Verderben schützt, wie es verlangt werden müßte — steht noch dahin. Daß die Angriffe gegen den Buchenpflasterklotz noch stärkere sind, wie diejenigen, welche gegen die Bahnschwelle gerichtet sind, liegt auf der Hand, denn zu den Angriffen der wechselnden Feuchtigkeit und der Nagelung kommen hier die Hirnholz=Verlegung, die Jauche der Zugthiere, die Stollen der Hufeisen und das oft übertriebene Anfeuchten mit dem Sprengwagen, welche der Zersetzung Thür und Thor öffnen.

Ueberhaupt ist die Frage der Holzpflasterung für deutsche Verhältnisse noch keineswegs, auch nicht für das Nadelholzpflaster abgeschlossen. Wer Gelegenheit hat, als täglicher Gast der Pferdebahn längere Zeit den Wagenverkehr auf Holzpflaster genau zu beobachten, wird erfahren haben, daß bei trockenem Wetter dasselbe wohl den meisten Anforderungen genügt, daß aber bei Regen oder nassem Schnee die Oberfläche des Hirnholzes so glatt wird, daß die Pferde, welche zur Zeit meist auf sog. Pantoffeleisen ohne Stollen gehen, sehr häufig zu Falle kommen. Der Berliner Kutscher zieht daher bei feuchtem Wetter selbst Asphaltpflaster dem Holzpflaster noch vor. Ersteres wird rascher trocken wie letzteres, dieses langsamer naß wie ersteres, behält aber in Folge des anhaftenden abgeschliffenen Holzstoffes die Schlüpfrigkeit weit länger bei wie Asphalt.

In den Pferdebahngeleisen liegen daher an allen Haltestellen, wo das Anziehen des Wagens auf nassem Holzpflaster stets besondere Schwierigkeiten machte, nunmehr Granitschwellen mit rauher Oberfläche auf etwa 3 m Länge.

V. Einzelversuche mit Rothbuchen-Nutzholz.

Auch die Ungleichmäßigkeit der Abnutzung der Oberfläche der Straßen mit Holzpflaster giebt zu Klagen Anlaß und wie nach Einführung von elektrischem Bahnbetriebe die Straßenpflasterung sich gestalten wird, ist noch nicht abzusehen. Jedenfalls werden dann die Pferdebahngesellschaften noch weniger Interesse am Holzpflaster haben.

Die Aussichten also für das Buchenholzpflaster im Freien erscheinen leider wenig erfreuliche, dagegen ist es für überdachte Hallen, Arbeitssäle, Lagerräume u. s. w. noch zu einer gesteigerten Verwendung zu empfehlen.

Der Herr Minister der öffentlichen Arbeiten hat in sehr dankenswerther Weise durch wiederholte Verfügungen (so vom 19. November 1885, 14. Mai 1887 und 8. Januar 1889) die nachgeordneten Behörden auf die Wichtigkeit der Verwendung einheimischen Buchenholzes zu Dielungen und Brückenbelägen aufmerksam gemacht und zu Versuchen in dieser Richtung angeregt. In Folge dessen sind auch an sehr zahlreichen Orten bei Ausführung von Staatsbauten Buchenhölzer zur Verwendung gelangt. Die über die Erfahrungen damit eingeforderten Berichte enthalten eine Menge interessanter Einzelheiten. Das Ergebniß ist kurz zusammengestellt im Centralblatte der Bauverwaltung vom 23. Januar 1892 (12. Jahrgang Nr. 4) und geht daraus Folgendes hervor:

Für Brückenbeläge können Buchenbohlen nur bedingungsweise empfohlen werden; sie stehen in ihrer Tauglichkeit hierfür im Allgemeinen hinter Eichenholz zurück und können mit Kiefernholz nur in besonderen Verhältnissen in Wettbewerb treten. Wenn auch die Abnutzung, selbst unter starkem Angriff durch Lastfuhrwerk, nur gering ist, das Buchenholz auch weniger splittert wie namentlich Kiefernholz, hat sich doch überall, wo in Preußen Buchenbohlen beim Brückenbau verwendet worden sind, ohne Unterschied klimatischer oder Verkehrseinflüsse gezeigt, daß die Neigung zum Reißen, Werfen und Verstocken bei der buchenen Bohle mehr vorhanden ist, wie bei jedem anderen Holze, auch bei Anwendung künstlicher Tränkungsmittel. Namentlich da, wo der Oberbelag dicht schließend über dem Unterbelag liegt, also kein Luftwechsel

7. Neuere Versuche über Verwendung von Buchenholz.

auf beiden Seiten stattfinden kann, ist die Zerstörung von unten her oft sehr rasch erfolgt. Häufig hat sich die obere Holzschicht noch gesund gezeigt, während die untere völlig zersetzt war. Ein plötzliches Durchbrechen der Lastwagen ist die Folge gewesen. Auch wird darüber geklagt, daß die buchenen Bohlen bei Regen und Reif so glatt werden, daß schon bei geringer Steigung das Befahren der Brücken gefährlich wird.

Bezüglich der Dauer steht der Buchenbelag bei mäßigem Verkehr im Allgemeinen dem Kiefernbelage gleich, während er bei sehr starkem Verkehr, wo die Abnutzung so schnell erfolgt, daß die Vermorschung noch nicht wesentlich mitspricht, einem eichenen Belage nahe kommt oder ihn übertrifft. So haben sich in Charlottenburg sehr stark befahrene Kanalbrücken mit Buchenbelag 2½ Jahr, mit Eichenholz nur 1 Jahr gehalten.

Der Ankaufspreis ist fast überall ein höherer als für Kiefernbohlen gewesen und hat den des Eichenholzes zum Theil erreicht. Die Kosten werden noch dadurch erhöht, daß die ausgewechselten Bohlen von Kiefer und Eiche vortheilhaft verwerthet werden können, während das Buchenholz kaum als Brennholz mehr abzusetzen gewesen ist. Auch wird darüber geklagt, daß die Buchenbohlen zum Theil schwer zu beschaffen gewesen seien.

Das Urtheil läßt sich dahin zusammenfassen, daß ein buchener Brückenbelag bei sehr starker Abnutzung der Bahn, bei möglichst wagerechter Verlegung und bei mäßigem Verkehr so verlegt, daß die Luft von beiden Seiten hinzutreten kann, sich sehr wohl empfiehlt im Vergleich mit denjenigen von Kiefern- oder Eichenholz. Nothwendig erscheint es allerdings, daß die Holzhändler und Sägewerke mehr für das Vorräthighalten der Buchenbohlen interessirt werden.

Die vorgenannte Uebersicht über die zur Sache erstatteten Berichte ergiebt dagegen in Uebereinstimmung mit dem oben Vorgetragenen ein sehr günstiges Urtheil über die Fußbodendielungen aus Buchenholz. Sie haben daher in zahlreichen Fällen bei Staatsbauten, Schulhäusern und Turnhallen Anwendung gefunden. Voraussetzung ist natürlich, daß das verwendete Holz wie der Bau, zu welchem es verwendet wird, möglichst ausgetrocknet ist, da anderenfalls, wie beim Neubau des Friedrichs-Wilhelms-Gymnasiums in Berlin, wo im Erdgeschoß belegene Klassen mit buchenen Stabfußböden auf kiefernem Blindboden versehen wurden, ein starkes Quellen des Holzes den Erfolg in Frage stellen kann.

VI. Rückblicke.

Beim Ueberblicken des Vorhergesagten ergiebt sich, daß die Versuche und Bestrebungen, dem deutschen Buchenholze einen größeren Absatz als Nutzholz zu verschaffen, sehr eingehende und mannigfaltige gewesen sind. Es dürfte sich ferner ergeben, daß noch manche Lücken bez. der technischen Eigenschaften, der Imprägnirungs-Methoden und der zweckmäßigsten Verwendungsarten auszufüllen bleiben.

Bezüglich der Erkenntniß der Eigenschaften des Buchenholzes ist man zwar, angeregt durch die für Forstwirthschaft und Technik gleich wichtigen, seit 1884 von der königlichen mechanisch-technischen Versuchsanstalt zu Charlottenburg durchgeführten Versuche über die Abhängigkeit der Festigkeit der Hauptholzarten von den Standortsverhältnissen, welche im Jahre 1889 für die Kiefer vorläufig zum Abschluß gebracht sind (Bericht über die im Auftrage des Herrn Ministers für Landwirthschaft, Domänen und Forsten ausgeführten Holzuntersuchungen. Erstattet von M. Rudeloff, erster Assistent der mechanisch-technischen Versuchsanstalt, Berlin, Springer 1889, u. Danckelmann: Physikal. und mechanische Eigenschaften märkischen Kiefernholzes. Zeitschrift für Forst- u. Jagdwesen 1890, XXII, S. 4), um ein Erhebliches weiter gekommen, seitdem auf Anordnung der betheiligten Herren Minister mit Staatsunterstützung seitens der vorgenannten Versuchsanstalt und der Hauptstation des forstlichen Versuchswesens in Eberswalde gemeinsam auch die Buche in Angriff genommen worden ist. Die vorläufige Zusammenstellung der bisherigen Ergebnisse ist vom Forstmeister Schwappach in der Abhandlung „Beitrag

VI. Rückblicke.

zur Erkenntniß der Qualität des Rothbuchenholzes" (Zeitschrift für Forst- und Jagdwesen, September 1894) bewirkt worden. Auch die Arbeiten R. Hartig's (Hartig-Weber, das Holz der Rothbuche, Berlin, 1888) haben die Buchenfrage erheblich geklärt.

So wird es im Wesentlichen Sache der Praxis sein, das nunmehr Feststehende in dieser Frage gehörig auszunutzen. Wenn wir gesehen haben, daß das Verwendungsgebiet des Buchenholzes ein beschränktes ist und, bevor nicht sichere und billige Imprägnirungs-Methoden vorliegen, auch bleiben wird, andererseits aber erfahren haben, daß die Verwendung der Buche im Trockenen in hervorragendem Maße geeignet ist, ihren Absatz zu heben, wird hier der Hebel anzusetzen sein und möglichst dafür Sorge getragen werden müssen, daß das Buchenholz hier so umfassend zur Verwendung gelangt, wie seine guten Eigenschaften im Gebrauche es verlangen können. Wenn das dauernd und vorerst bei öffentlichen Bauten allgemein geschieht, die Häuser der Forst-, Domänen-, Eisenbahn-, Post- und Bergverwaltung im Gebiete der Rothbuche Dielen und Treppen davon erhalten, wenn erst die ausländische Nadelholzdiele von den Bauten verdrängt ist, wo die Buchendiele Verwendung finden könnte, wenn in Fabrik- und Wartesälen Buchenpflaster- oder Stabfußböden im Wettbewerbe mit Nadelholz und dem fußkalten Gyps, Cement und Asphalt gesiegt haben, wenn sich für Arbeits-, Verkaufs- und Trinktische das Buchenholz seinen Platz wieder erobert hat, — dann wird auch bei Privatbauten das Buchenholz mehr verlangt werden und der Werth des schönsten deutschen Waldes wieder bleibend werden und Erträge liefern, welche seine Besitzer und Pfleger anspornen, ihn zu erhalten und zu verbessern und werden erhebliche Kapitalien im Lande bleiben, welche jetzt für Eichen- und Nadelholz in's Ausland gehen.

Litteratur.

du Hamel du Monceau: Von Fällung der Wälder. Deutsch von Chr. Oelhafen von Schöllenbach. Nürnberg, 1766—67.
Jester, Fr. Ernst: Anleitung zur Kenntniß und zweckmäßigen Zugutemachung der Nutzhölzer. Königsberg, 1815—16.
Völker, H. L. W.: Forsttechnologie. Weimar, 1803.
Walther, F. L.: Handbuch der Forst-Technologie. Gießen, 1802.
G. L. Hartig: Versuche über die Dauer der Hölzer. Stuttgart, 1822.
— Forst- und Jagdarchiv. Band I, 1816, S. 15.
Pfeil, W.: Forstbenutzung und Forsttechnologie. Berlin, 1831.
von Burgsdorff, Fr. A. Lw.: Versuch einer vollständigen Geschichte vorzüglicher Holzarten. I. Theil: Die Buche. Berlin, 1783.
Grebe, Dr. Carl: Die Forstbenutzung. Wien, 1882.
Gayer, Dr. Carl: Die Forstbenutzung. Berlin, 1888.
Exner, Dr. W. Frz.: Die mechanischen Eigenschaften des Holzes von E. Chevandier und G. Wertheim, aus dem Französischen übersetzt und revidirt. Wien, 1871.
— Studien über das Rothbuchenholz. Wien, 1875.
Lauprecht, Obf. Worbis: Erfahrungen aus dem Eichsfeld über natürliche Verwendbarkeit der Buche zu Bauzwecken. Pfeil's Kritische Blätter, Bd. 48 S. 62. Leipzig, 1866.
Weise, W.: Die Buchennutzholzfrage. Zeitschrift für Forst- und Jagdwesen. Berlin, Oktoberheft 1881.
Borggreve, Dr. B.: Die ausgedehntere Anwendung der Buchendielung für die Wohnräume bei Staatsbauten. Forstl. Blätter 1884, Heft 5.
Kaufmann, Dr. A.: Neues Schutzmittel, das Holz durch Verdichtung und Austrocknung vor Fäulniß zu schützen. Berlin, 1883.
Buresch, E.: Der Schutz des Holzes gegen Fäulniß. Dresden, 1880.
Tetmayer, L., Professor: Methoden und Resultate der Prüfung der Schweizer Bauhölzer. Zürich, 1883.
Bauschinger, J., Professor: Mittheilungen aus dem mechan.-techn. Laboratorium der Kgl. technischen Hochschule in München. Heft 9, 1883; Heft 16, 1887.
Rudeloff, M.: Berichte über die im Auftrage des Herrn Ministers für Landwirthschaft, Domänen und Forsten ausgeführten Holzuntersuchungen. Berlin, 1889.
Donner, K., Oberlandforstmeister, von Hagen: Die forstlichen Verhältnisse Preußens. Dritte Auflage. Berlin, 1894.
Schwappach, A., Professor, Dr.: Beiträge zur Kenntniß des Rothbuchenholzes. Zeitschrift für Forst- und Jagdwesen, 1894, Septemberheft.
Rößler, M.: Ueber die Verwendung des Buchenholzes zu Bauzwecken. Deutsche Bauzeitung 1885, Nr. 4.
— Deutsche Bauzeitung 1885, Nr. 65, 66, 67, 69, 71 und 73.
Schumacher, H.: Die Buchennutzholz-Verwerthung in Preußen. Berlin, 1888.
Centralblatt der Bauverwaltung: 1882, S. 172; 1883, S. 451; 1884, S. 118; 1892, S. 37.
Hartig, R., Professor, Dr.: Die Zersetzungserscheinungen des Holzes. Berlin, 1878.
— Lehrbuch der Baumkrankheiten. 1892.
Hartig und Weber: Das Holz der Rothbuche. Berlin, 1888.
Nördlinger: Die technischen Eigenschaften der Hölzer. Stuttgart 1860.
Bericht über die IX. Vers. Deutscher Forstmänner, Wildbad 1880, S. 18 ff.: Die Buchenhochwaldwirthschaft. Berlin, Springer. 1881.
Tharander forstl. Jahrbuch 1869, S. 133; 1874, S. 177; 1879, S. 69.

MIX
Papier aus verantwortungsvollen Quellen
Paper from responsible sources
FSC® C105338

If you have any concerns about our products,
you can contact us on
ProductSafety@springernature.com

In case Publisher is established outside the EU,
the EU authorized representative is:
**Springer Nature Customer Service Center GmbH
Europaplatz 3, 69115 Heidelberg, Germany**

Printed by Libri Plureos GmbH
in Hamburg, Germany